# 具有自主系统特征的遥感卫星地面系统

李传荣 李子扬 胡 坚 唐伶俐 著

U0296409

科学出版社

北 京

# 内 容 简 介

本书系统介绍具有自主系统特征的遥感卫星地面系统的设计方法。全书共分 6 章,涵盖了遥感卫星地面系统概述、自主计算概述、遥感卫星地面系统自主特征的体现、具有自主特征的遥感地面系统通用化设计、具有自主特征的遥感地面系统的研发实例和总结与展望方面内容。本书围绕自主计算技术在遥感卫星地面系统中的应用进行由浅入深、由抽象到具体的全面阐述。本书各个章节相互独立,读者可视个人需要进行选择阅读。

本书不仅详细地介绍具有自主特征的遥感卫星地面系统的设计原理和设计方法,还提供了丰富的应用实例,可为遥感卫星地面系统设计人员提供直接性的工程指导。本书也可以作为从事遥感应用领域研究的专业人员及遥感、测绘等相关专业领域的科研技术人员和高校师生等的参考读物。

**图书在版编目(CIP)数据**

具有自主系统特征的遥感卫星地面系统 / 李传荣等著. --北京:科学出版社,2024. 10. -- ISBN 978-7-03-079687-5

Ⅰ. TP73

中国国家版本馆 CIP 数据核字第 202432XS62 号

责任编辑:陈 静 霍明亮 / 责任校对:胡小洁
责任印制:师艳茹 / 封面设计:迷底书装

科学出版社 出版
北京东黄城根北街 16 号
邮政编码:100717
http://www.sciencep.com

北京中科印刷有限公司印刷

科学出版社发行 各地新华书店经销
*

2024 年 10 月第 一 版 开本:720×1 000 1/16
2024 年 10 月第一次印刷 印张:11
字数:221 000
定价:99.00 元

# 自　　序

　　遥感卫星地面系统涵盖数据接收、数据处理、数据管理和数据与信息产品分发等多个环节，是航天遥感系统不可分割的重要组成部分。随着遥感技术的不断发展，遥感数据与信息产品在时空分辨率、光谱性质、多角度特性及极化特性等方面表现出丰富的异构性、多元性和冗余性。日益膨胀的遥感数据与信息产品对遥感卫星地面系统在处理、存储和分发等方面提出更高的需求，需要在系统架构、通信机制、安全策略、服务协作等方面给予更充分的支持，使得系统复杂度也随之越来越高，为系统管理、扩展和维护带来越来越多的困难与成本。

　　自主系统是指可应对非程序化或非预设态势，具有一定自我管理和自我引导能力的系统。提高信息系统的自主特征，使系统具备自我管理、自我修复及自我配置的能力，能够有效地降低系统的复杂度，也是解决当前日益突出的遥感卫星地面系统业务能力需求与运行维护成本之间矛盾的一个有效技术途径。

　　有关自主系统的讨论一直是信息系统工程领域的热门话题，然而面向遥感系统的自主特征与自主系统设计却鲜有讨论和研究。本书以阐明遥感卫星地面系统的自主特征为目标，是作者在多年遥感卫星地面系统领域的研究和工程实践的基础上编著而成的。

　　本书对遥感卫星地面系统的自主特征进行深入分析和阐述，总结归纳具有自主特征的遥感卫星地面系统的模型和架构，结合多个地面系统实例对具有自主特征的遥感卫星地面系统设计方法进行有益探讨，并对未来自主遥感地面系统的研究和发展进行了展望，可为遥感卫星地面系统发展提供理论支撑。

# 前　　言

在对地观测技术迅猛发展的今天，航天遥感平台和载荷类型越来越多，对遥感卫星地面系统的数据存储与处理性能、系统架构及算法的通用性和灵活性的要求也越来越高，导致遥感卫星地面系统越来越复杂，大大增加了系统的管理难度和维护成本，系统复杂性问题日渐突出。

自主系统作为一个新兴的研究热点，其思想源自人体复杂的自主神经系统，是指一种具有自配置、自优化、自修复、自保护特点的分布式计算系统。自主计算技术主要针对日益复杂的计算环境中面临的管理与成本问题，为我们提供了一个解决遥感卫星地面系统复杂性问题的研究思路。

本书是在中国科学院定量遥感信息技术重点实验室的大力支持下，作者团队总结多年遥感卫星地面系统集成研制成果和软件设计开发经验，历时三年整理编撰完成的。

本书针对遥感卫星地面系统日益严重的系统复杂化问题，讨论基于自主计算技术的遥感卫星地面系统的设计与研发，旨在使遥感卫星地面系统具有一定的自主特征和自主运行能力，降低系统的复杂度和管理维护成本。

本书从自主系统架构、系统通信机制、服务协作机制等多个方面出发，分析遥感卫星地面系统自主特征的实现方式，在此基础上，本书提出构建自主遥感卫星地面系统的七大原则，并从感受器、推理机等多个角度具体阐述系统自主特征的实现方法。

近年来，作者团队还同步开展了多个地面系统工程类项目，自主计算思想在这些项目中得到了初步体现。本书对上述地面系统工程项目进行了总结和归纳，对自主计算思想在遥感卫星地面系统工程研发中的相关理论和具体实现方式进行了探讨，希望通过整个系统的通用自主框架设计和遥感卫星地面系统的原子服务开发，构建出一整套可动态扩充与调优的自主遥感卫星地面系统，从而能够降低系统管理难度和维护成本，促进遥感技术更加广泛地应用于国民经济的各个行业。

全书共分6章：第1章为遥感卫星地面系统概述，介绍遥感卫星地面系统的功能与系统组成、工作流程，遥感卫星地面系统复杂度问题及遥感卫星地面系统的自主需求；第2章为自主计算概述，介绍自主计算的起源和发展，自主计算系统的组成，系统自主特性的成熟度分级，以及其他相关分布式计算技术；第3章为遥感卫星地面系统自主特征的体现，介绍地面系统业务流程、自主系统的架构设计、软件通信机制设计和服务协作机制设计，以及系统自主控制、系统安全和系统自主容错；

第 4 章为具有自主特征的遥感地面系统通用化设计，介绍顶层设计、系统构建基本原则、系统自主模型、系统控制及遥感系统关键流程自主化设计；第 5 章为具有自主特征的遥感地面系统研发实例，介绍系统底层消息传输机制、系统级感受器设计、柔性工作流管理机制、插件式数据预处理软件架构、航空遥感数据并行处理控制、运行管理系统研发实例；第 6 章为总结与展望。

本书主要创作人员为李传荣、李子扬、胡坚、唐伶俐。在编写过程中中国科学院定量遥感信息技术重点实验室的同事们也做了大量工作，其他参与编写的作者还有董裕民等。

由于作者团队在技术水平和工作经验等方面的局限，本书难免存在疏漏之处，敬请读者批评指正。

作　者

2024 年 8 月

# 目　　录

# 第1章　遥感卫星地面系统概述

本章对遥感卫星地面系统进行概述，包括什么是遥感卫星地面系统和自主计算的作用，遥感的基本原理和遥感系统的基本组成结构，遥感卫星地面系统的作用和分系统构成，遥感卫星地面系统与卫星和用户之间的工作流程，遥感卫星地面系统面临的日益复杂的问题，以及复杂度快速增加对遥感卫星地面系统的自主能力提出的需求。通过本章的阅读，读者可以基本掌握遥感卫星地面系统的基本情况和面临的问题，为掌握本书后续章节内容做铺垫。

## 1.1　概　　述

遥感卫星地面系统是遥感数据能够得到应用(是遥感应用系统之前的)的必要基础支撑。遥感卫星地面系统将卫星下传原始数据进行一系列处理后，向用户或遥感应用人员提供相关遥感数据信息和产品等。随着对地观测手段的日益丰富和多样，地面系统变得越来越庞大，功能也越来越多，已经从单一的图像处理系统发展成为集数据存储、管理、解析、处理和融合，以及数据分发、信息提取等多功能于一体的大型分布式复杂系统。

遥感卫星地面系统建设是一个复杂的系统工程，工作对象是数据，系统功能主要依靠软件来实现。由于遥感卫星地面系统具有功能多、运算量大的特点，其功能和运算需要由分布于不同计算节点上的软硬件协同完成来实现。因此，可将遥感卫星地面系统视为一个分布式计算系统，该系统包括了软件、硬件和网络等必要组成部分，是一种复杂性系统。该系统的设计应遵循系统工程的方法，将系统研制工作划分为规划、研究、开发等不同阶段，从而最终构建成由相互依赖的多个子系统共同组成的总体系统。随着软件规模的不断增长，软件系统的复杂性也大幅度地增长，系统的建设成本和维护成本都将大幅度地增长。对于复杂的分布式计算系统来说，其维护成本已经超过了建设成本，对维护人员的知识结构和精通程度的要求也越来越高。

自主计算是针对日益增长的软件复杂度问题所提出的一种解决方案。通过对系统自配置、自恢复、自优化、自保护特性的设计与实现，保证系统在工作状况改变时能自主重构，遇到异常情况时能自主修复。在系统运行过程中不断自我调优，确保当遇到入侵、攻击等具有敌意的行为或系统过载发生时，系统能够及时地发现并实施自我保护。通过这些特性的实现，使得系统能够自主运行，显著地降低系统维护成本与人力资源成本，更加有效地发挥系统的作用。

# 1.2 遥 感 系 统

遥感是自 20 世纪 60 年代开始，根据电磁波理论发展起来的一种探测技术。遥感的基本原理如图 1-1 所示，它是通过人造卫星、飞机或其他飞行器等搭载各种传感器，对远距离目标所辐射和反射的电磁波信息进行收集、处理直至最后成像，从而对地面各种景物进行探测和识别的一种综合性技术。任何物体都具有光谱特性，即具有不同的吸收、反射、辐射光谱的性能。同一光谱可能反映不同的物体(即同谱异物)，同一物体在不同光谱的反应也可能有差别(即同物异谱)，而且即使同一物体在不同时间和地点，由于太阳光照射角度不同，它们反射和吸收的光谱也不尽相同。遥感就是根据这些原理，对物体做出判断。由于遥感一般用于对地球表面物体进行探测，因此也常称为对地观测。

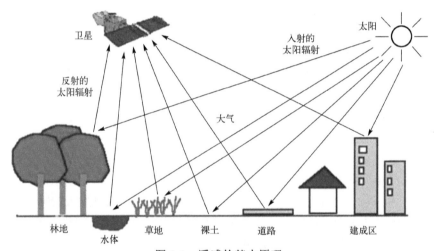

图 1-1 遥感的基本原理

航空航天遥感就是利用安装在飞行器上的遥感载荷来探测地物目标的电磁辐射特征，并将特征记录下来，以供识别和判断。其中，把遥感载荷装在高空气球、飞机等航空器上进行遥感，称为航空遥感。把遥感载荷装在航天器上进行遥感，称为航天遥感。若把遥感载荷装在车载、船载、手持、高架平台等地表平台上，则称为地面遥感。航空航天遥感在国民经济和军事的很多方面获得广泛的应用，如用于完成气象观测、资源考察、地图测绘和军事侦察等各方面任务。完成遥感任务的整套仪器设备称为遥感系统。

航空航天遥感系统的基本组成如图 1-2 所示。

航空航天遥感系统主要由遥感平台、遥感载荷、接收装置等组成。其中，遥感平台包括卫星、航空飞机、气球等，是遥感过程中搭载遥感载荷的运载工具，它的

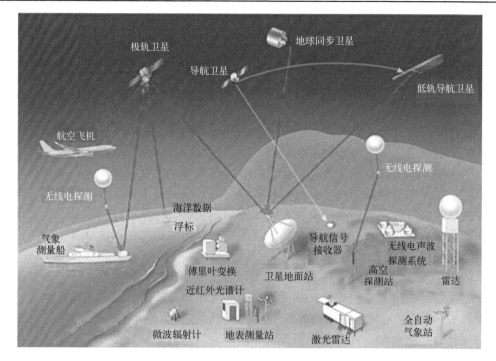

图 1-2　航空航天遥感系统的基本组成

作用与在地面摄影时安放照相机的三脚架类似，区别是遥感平台一般是位于空中的飞行器，距离所拍摄地物较远。遥感载荷是遥感系统的重要设备，它搭载在遥感平台上，可以是照相机、多光谱扫描仪、微波辐射计或合成孔径雷达等。接收装置如卫星地面站等，用于接收遥感平台搭载遥感载荷所获取的遥感图像等数据。

近些年，随着新材料、信息通信、计算机等技术的飞速发展，遥感技术的发展也日新月异，并呈现出几个特点：一是遥感平台在向地面、航空、航天多层次遥感方向发展，最终建立起全球遥感观测网络；二是遥感载荷远远超出遥感技术发展开始时的可见光、红外等基本电磁波段，在向电磁波谱全波段覆盖；三是图像信息处理实现光学-电子计算机混合处理，实现自动分类和模式识别；四是实现遥感分析解译的定量化与精确化；五是与地理信息系统（geographic information system，GIS）和全球定位系统（global positioning system，GPS）形成一体化的技术系统。

随着遥感技术的不断发展和广泛应用，通过遥感手段获取的数据源不断丰富，从大气层内飞行器、临近空间飞行器、空间飞行器进行对地观测的数据不断涌现。从总的趋势来看，数据来源越来越多，数据种类也越来越多。空间分辨率从低分辨率向高分辨率发展，从早期的千米级分辨率逐渐向目前的米级乃至亚米级方向发展，高分辨率数据已在国民经济的各个方面得到了广泛应用。此外，遥感搭载的传感器

(即遥感载荷)也从早期的单一可见光传感器,发展到目前的可见光、红外、高光谱、合成孔径雷达(synthetic aperture radar,SAR)、激光、偏振等多种类型的传感器。多种类型传感器数据的综合应用为人类更进一步发现和认识世界提供了更多更加有效的手段,同时也对遥感地面系统提出了越来越高的要求。

## 1.3 遥感卫星地面系统

航天器及其有效载荷在运行期间,遥感卫星地面系统都需要对其状态进行监视和控制,包括飞行器轨道位置、飞行器姿态、有效载荷的工作状态,以及其他维护飞行器正常运行所需要的参数。遥感卫星地面系统的另一项工作内容是下载、接收遥感载荷探测获得的飞行任务数据,即遥感数据,同时还要按照地面要求向飞行器上传飞行任务安排及有关变更指令等。

因此,遥感卫星地面系统既是维护飞行器正常工作的支持系统,又是数据用户与飞行器之间的信息交换中心。遥感卫星地面系统主要有两大基本功能:一是根据用户的实际需求,设计编制飞行器工作计划,控制飞行器在运行轨道上的工作;二是获取飞行器遥感数据,并将数据组织成可供实际应用的形式。图 1-3 表示了数据用户、遥感卫星地面系统和飞行器之间的关系。可以看出,遥感卫星地面系统是整个遥感系统中不可或缺的一部分,是遥感载荷真正发挥作用的承载体。没有遥感卫星地面系统的支撑,飞行器在轨道中就成了无根之水,发挥不了遥感探测与应用的作用。

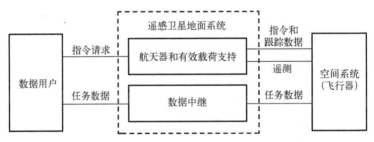

图 1-3 数据用户、遥感卫星地面系统和飞行器之间的关系

从飞行器管理和数据处理的角度,遥感卫星地面系统通常由以下 8 个分系统组成[1]。

(1)运行管理分系统:管理整个遥感卫星地面系统,维护该系统的正常运行状态。同时,规划和指挥飞行器的运行,管理飞行器和遥感器的运行状态。

(2)系统安全分系统:对系统进行用户和权限控制,保证系统安全,提供系统日志及审计信息。

(3)数据获取分系统:遥感卫星地面系统通过地面天线接收飞行器获取的原始遥感数据。

(4)数据预处理分系统:将飞行器下行的原始数据经辐射校正、系统几何校正等步骤,得到 2 级产品。

(5)数据后处理分系统:将 2 级产品经正射校正、几何精校正、信息提取等步骤,生成最终用户所需要的数据产品形式,如专题图等。

(6)数据质量分系统:进行数据质量分析及真实性检验,是定量化遥感应用必不可少的一部分。

(7)数据管理分系统:管理遥感卫星地面系统的全部数据,具有空间数据的编目、存档和管理等功能。

(8)数据服务分系统:提供对外数据服务,包括数据检索查询、用户订单提交等,是用户与地面系统的交互窗口。

## 1.4　遥感卫星地面系统的基本工作流程

遥感卫星地面系统最主要的功能之一是向用户提供所需的数据或信息。从时间上区分,数据有历史数据和未来数据两种,历史数据为存档数据,由数据管理分系统来管理;未来数据则需要制定观测规划,并指挥飞行器进行遥感观测,获取数据后再提供给用户。以卫星遥感为例,遥感卫星地面系统的基本工作流程如图 1-4 所示,图中竖直虚线表示工作端、水平实线箭头表示工作流。

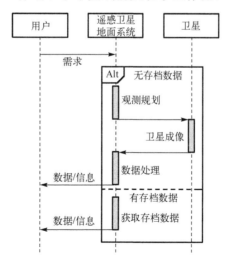

图 1-4　遥感卫星地面系统的基本工作流程

一般来说,用户的基本需求包括所需数据的覆盖区域和成像时间。对于特定的遥感卫星地面系统，可以按照存档数据来管理卫星获取数据，或直接规划出未来获取数据的时间。对于通用的遥感卫星地面系统，可能会有多个卫星数据同时满足用户需求，特别是在对成像时间的需求较为宽泛时。此时，用户通常会给出更加详细的获取条件，如卫星、传感器、分辨率等。

此外，用户需求的数据产品的级别也不尽相同，与具体应用目标有关。有的用户需要对数据进行精细的定量化分析，希望数据被处理得越少越好，以免造成无法弥补的信息损失。有的用户则只需要进行简单的应用，通常希望获取处理级别较高、视觉效果较好的数据。

## 1.5　遥感卫星地面系统的复杂度问题

### 1. 存储技术更新换代背景下，遥感数据的规模和处理日渐复杂

在遥感系统发展的初期，主要针对的是可见光数据的处理，当时在计算机技术、数据存储技术还较为原始的情况下，一般采用大、中型计算机和磁带存储设备来建设数据预处理系统。例如，早期的 LANDSAT-5 卫星数据预处理系统就采用了虚拟地址扩展(virtual address extender，VAX)机和高密度磁带进行数据的处理与存储，在当时来说，处理一景 LANDSAT-5 数据需要大约 4h，而一盘高密度磁带的数据容量也只有 10GB 左右。

随着遥感技术的发展，多种数据来源、多种数据种类、多种处理方式和级别都对数据预处理系统提出了越来越多的要求。与此同时，计算机技术的发展使得性能强悍的小型机/服务器逐渐应用于遥感数据处理。比较典型的是硅图(silicon graphics，SGI)公司的数据处理服务器，它采用体积较小的数字线性磁带(digital linear tape，DLT)进行数据存储，数据处理时长一般在分钟级，DLT 磁带的存储容量约为 40GB。

随着微型计算机技术的发展，采用服务器甚至廉价的微机作为计算节点的多任务并行数据处理系统也被研制出来，通过添加并行计算节点，可以方便地提升系统的运算能力，缩短多任务数据产品的整体处理时间。另外，由于磁随机存储技术的发展，采用直接附加存储(direct attached storage，DAS)方式进行数据的存储，有效地提高了数据的读取与存储时间。随着存储技术，包括磁盘阵列技术、独立冗余磁盘阵列(redundant array of independent disk，RAID)技术，以及存储区域网技术的进一步发展，数据存储的便利程度大大提高，而且单位容量存储的价格也在不断下降，使得遥感数据摆脱磁带存储的方式，完全采用硬盘存储成为可能。

目前所建设的遥感卫星地面系统基本都是针对性较强的系统，很难很好地满足业务及数据的快速发展，以及需求的快速变化。存储技术、数据库技术、并行计算

技术等发展并有机结合在一起，是推动新的遥感数据处理系统发展的契机与方向。同时，在这些硬件架构的基础上，采取何种软件架构能够实现高效灵活的数据处理能力，是目前遥感数据处理系统建设所需重点研究的方向之一。

**2. 网络技术日新月异潮流下，信息系统的架构和管理日趋复杂**

随着计算机技术和网络技术的迅猛发展，大规模、开放、异构的信息系统不断涌现，如动态企业联盟、网格计算系统和普适计算系统等。在这样的系统中，高层商业目标、系统结构和环境等均会不断地发生变化，客观上要求系统能够动态地适应这些变化以实现特定的目标，包括资源的动态配置、服务的动态合成、系统参数的动态校正等。为了达到这一要求，目前的信息技术(information technology，IT)管理者需要依据系统状态和高层的管理策略，直接对系统进行配置、诊断、修复和重配置等。由于信息系统规模越来越大，结构越来越复杂，大幅度地加剧了人工方式部署、管理、维护网络计算环境和应用系统的复杂度。其结果是，IT 企业通常要花费高出设备成本 4~20 倍的管理费用，而且仅靠 IT 专家和技术人员的努力越来越难以驾驭开放、动态和异构的信息系统。

**3. 遥感技术迅猛发展趋势下，地面系统的复杂度快速增加**

伴随着存储技术和网络技术的迅速发展，以及遥感技术的突飞猛进，遥感卫星地面系统也与时俱进。其发展方向有两个：通用化和智能化。通用化是指当今对地观测平台与载荷越来越多，地面系统不能只为单一的平台或载荷服务，而是应为多个平台提供统一服务。智能化则是因为系统越来越大、越来越复杂，所需适应的情况越来越多，对系统的智能化程度要求也就越来越高。

相应地，遥感卫星地面系统也面临着系统复杂度快速增加的问题。由于遥感技术迅猛发展，数据种类不断增多，对数据处理能力提升的要求，以及对系统流程、算法的灵活性要求，都给系统软件的设计提出了更多的要求，使得系统越来越大，软件越来越复杂，管理配置难度增加，系统维护成本也越来越高，迫切需要采用适当的技术手段来降低系统的管理和维护成本。

## 1.6　遥感卫星地面系统的自主需求

在遥感卫星地面系统复杂度快速增加的背景下，为了能够有效地解决遥感卫星地面系统的维护和管理的难度及成本不断提升的问题，对遥感卫星地面系统的自主运行管理能力提出了迫切需求。这要求遥感卫星地面系统能够针对外界刺激进行自动和自主的响应。这包括外界的人为刺激(如用户动态需求、管理员实时操作、黑客入侵攻击等)和非人为刺激(如信息传输中断、数据备份故障、任务执行过载等)。不仅要求地面系统能够自动响应，而且还要求具有自主配置、自主恢复、自主优化和自主保护等一定自主特性的自主响应。

自主计算就是一种针对日益增长的信息系统复杂度问题所提出的解决方案。通过对系统自配置、自恢复、自优化、自保护特性的设计与实现，保证系统在工作状况改变时能自主重构，遇到异常情况时能自主修复，在运行过程中不断自我调优，确保当遇到入侵、攻击等具有敌意的行为或系统过载发生时系统能够及时地发现并实施自我保护。若能够在遥感卫星地面系统中实现这些特性，将使得遥感卫星地面系统能够自主运行，显著地降低系统维护成本与人力资源成本，更加有效地发挥遥感卫星地面系统的作用。

## 参 考 文 献

[1]  冯钟葵, 葛小青, 张洪群, 等. 遥感数据接收与处理技术[M]. 北京: 航空航天大学出版社, 2016.

# 第 2 章　自主计算概述

本章首先介绍自主计算技术的起源和发展历程，分析自主计算系统的组成；然后给出系统自主特性的成熟度分级；最后将自主计算技术与其他类似的分布式计算技术进行对比。

## 2.1　自主计算技术的起源

自主计算的思想来自人体的自主神经系统，希望 IT 系统能够以同样的方式进行需求预测，在无须人工干预的情况下智能地运行，从而解决日益严峻的系统规模膨胀和管理成本飙升等问题。

根据神经科学理论，人体的自主神经系统是由躯体神经分化、发展，进而形成的神经系统，是广泛地分布于内脏器官的相互连接的神经元网络。自主一词来源于希腊语 autonomia，大意是独立。人体的自主神经系统是由交感神经系统和副交感神经系统两部分组成的，支配和调节机体各器官、血管、平滑肌和腺体的活动与分泌，并参与内分泌调节葡萄糖、脂肪、水和电解质代谢，以及体温、睡眠和血压等。描述其基本原理的一个典型例子是当遇到紧急情况时，人体的自主神经系统的交感神经活动增强，激发一系列生理应答，如加快心率、升高血压、抑制消化功能和动员葡萄糖储备等。另外，在放松的情况下，交感神经活动减弱，副交感神经活动增强，使得心率变慢、血压降低、消化功能加强、出汗停止。同时，人体的自主神经系统通过交感神经和副交感神经的协调作用，还可以自主地调节人体内的各种参数(体温、心率、血压、血糖水平等)，使之保持在一定的范围内。

依据上述原理，人体的自主神经系统与内分泌系统、免疫系统及中枢神经系统相互配合，能够觉察身体的内外状态，自主地调动体内各器官和谐工作，以适应环境变化，维持身体各参数的动态平衡。人体的自主神经网络具有以下三个主要特点。

(1)自主性。人体的自主神经系统尽管需要接受脊髓、延髓及下丘脑各中枢发出的冲动，受到中枢神经系统的管制，但是它不受人的意志的直接指挥，可以自动地发挥作用，有一定的自主性，因此内脏中发生的各种调节过程不需要人在意识上的努力。

(2)状态觉察性。人体的自主神经系统与脊髓、延髓及下丘脑等功能调节中枢相配合，可以感知身体内外的状况，实现状态觉察。一方面，人体的传入神经传递人体器官内部感受器所获得的信息，向上传递到中枢。中枢对传来的关于身体内各器官工作状态的信息进行综合分析后，获得内脏器官的当前状态。另一方面，下丘脑与大脑皮层相结合，可以觉察到反映外部环境状态的各种情绪(如爱、恨、高兴、恐惧、焦虑等)，然后激活人体的自主神经系统的交感神经系统。

(3) 自稳态性(homeostasis)。机体能够适应内外状态的变化，把内部环境维持在一个狭小的生理范围的过程，实现整体上的自适应。

人体的自主神经系统能够维持身体内环境的稳定，而不需要人的主观意识的支配和调控，因此对于意识来说，可以不必关心内脏系统的调节过程，对人体这个复杂系统的管理复杂度将大幅度地降低。受此思想的启发，自主计算的思想应运而生。在自主计算系统中，可以将 IT 管理者比作"大脑的意识"，它无须而且也不能"意识"到信息系统如何调节其内部行为，而只需指定高层的管理策略(相当于意识中的各种情绪，如爱、恨、高兴、恐惧等)；自主的信息系统则可以比作"自主神经系统管理下的人体内脏系统"，它在高层策略的指导下实现状态觉察，并自主地保持系统的动态平衡。

值得注意的是，自主计算系统不是要完全模拟人体的自主神经系统的基本结构和具体工作机制，而是要通过软件工程、人工智能等方法和技术，构建具有人体的自主神经系统主要特点(即自主性、状态觉察性和自稳态性)的信息系统，即通过技术的手段，把那些原本应由人类完成的系统管理工作交由机器进行管理。该思想可以通过一个例子来获得更为直观的解释：假设有一个未来的自主数据中心(autonomic data center，ADC)，它可以为多个客户提供各种应用或服务。来自开放环境中的各种客户通过服务级别协定(service level agreement，SLA，用于说明期望的性能、可用性和安全等级等)征订新的服务，ADC 则依据可用的资源情况及来自IT 管理者的管理策略，自主地选择和配置相关资源，如服务器、数据库、存储器和网络资源等，并在这些资源上安装和配置各种应用模块，以满足 SLA 所规定的服务需求，实现系统的自配置。

在服务实例化之后，ADC 将监视服务的执行过程，觉察运行中发生的错误、薄弱环节和各种攻击。当异常情况发生时，ADC 自主地把问题定位到具体的数据库、服务器、路由器、应用模块、Web 服务器或虚拟机(virtual machine，VM)。然后，围绕这些问题进行必要的处理，例如，诊断问题并把它固定在原来的位置，重启一个失败的组件，添加一个合适的补丁，快速切换到备份的组件等，实现系统的自修复。同时，它通过连续地检查和升级内部组件来保护自己，通过检测入侵并自动采取措施来遏制它们，最小化它们的影响，实现系统的自保护。当目标改变、服务添加或删除、工作负载波动时，它将以各种方式动态地调整自己，并使用各种能够掌控的参数来优化系统的性能，以最好地满足 SLA 的规定及 IT 管理者的要求，实现系统的自优化。

容易看出，ADC 也具有自主性、状态觉察性和自稳态性等类似于自主神经系统的特点。首先，自主性表现在 ADC 可以自主地完成那些原来需要人工进行的管理工作，包括资源的选择和配置，系统运行情况的监视、诊断和处理，安全问题的检测和处理，以及系统状态发生偏移时的调整和优化等，即实现系统的自配置、自修复、自保护和自优化。对于 IT 管理者，只需定义管理目标和策略(如允许金卡客户访问 A 类服务，如果对金卡客户的反应时间大于 100ms，那么分配给它的 CPU 比例增加 5%；如果对金卡用户的反应时间不大于 100ms，且当 A 类组件异常时，用 B 类组件替换等)，不必也无法直接指挥底层 IT 资源的行为。其次，状态觉察性表现为 ADC 对内部被管理资源状态和外部环境状态的觉察，前者涉及资源的可用性、利用率和健康情况等，后者则与用户需求、负载波动和安全入侵等相关。最后，自稳态性体现为 ADC 能够在 IT 管理者制定的目标和策略及用户需求的约束下，进行自我配置、监视、异常诊断、修复、优化和调整，使系统实现整体上的自适应。

自主计算系统与人体的自主神经系统的重要差异在于：人体做出的很多自主决定是不自觉的，而计算机系统的自主计算组件则遵循人所下达的命令。自主计算也不同于人工智能，虽然人工智能在某些方面对其有借鉴意义，但自主计算并不将模仿人类思维作为主要目标，而是要具有适应动态变化环境的自我管理能力。自主计算使计算机系统具有以下四个方面的自管理能力。

(1)自配置。系统根据组件的增减或流量的变化来动态地自我重新配置，以使架构始终保持强健和高效。

(2)自恢复。系统应该能够检测、诊断和修复软件和硬件中的缺陷(bug)或失效所导致的局部错误，实时监测软硬件故障并做出诊断，并且在不妨碍系统正常工作的前提下，自动采取相应动作以便能够从常规或意外性灾难中恢复。

(3)自优化。系统根据用户在不同时刻的不同需求或流量重新调配资源，以保证最佳的服务质量(quality of service，QoS)和对现有资源的最佳利用。

(4)自保护。确保当未授权的入侵、病毒攻击等具有敌意的行为或系统过载发生时，系统能够及时地发现并实施保护。

对一个庞大的系统，要保证可靠性并减少开销，需要具备一系列的自治管理能力，包括资源配给、容量规划、任务调度、日志和计费等方面。而这些自治的功能模块都必须依赖于在线的实时监控。监控本身并不是目的，而是一种方法和手段，因此如何对监控的数据进行整理和分析是一个值得关注的问题。自我监控方面的主要问题是数据的聚集、整理和分析。数据的聚集需要良好的体系结构设计来减少开销；数据整理和分析则需要根据不同的目的采取不同的方式，需要辅以数据挖掘等相关技术予以解决。

自我修复涵盖了检错、容错和纠错(恢复)三个含义。检错即对错误进行检测，需要有较好的监控机制做保证；容错是能够屏蔽失效或故障，使用户感受不到错误的发生而继续正常使用，这需要系统有一定的冗余，并且能够及时地采取适当措施；

纠错是指对发生错误的部件进行修复，这是最难的一点，因为有些硬件错误无法通过自动方式修复，只能通知管理员。此外，容错还包括预防错误的发生，即通过可用性模型来计算错误可能发生的时间，提前采取一定的措施。

在自主计算系统环境中，任务调度主要解决将进入的请求分配到哪台机器上接受服务的问题，最好能够达到负载平衡。负载平衡不是最终目的，只是为了保证系统中所有机器能被均衡地使用，不至于某台机器因负载过重而崩溃。QoS 管理则是更高一层的概念，前两种手段的目的都是使用户的 QoS 得到最好的保证，因为 QoS 体现了给用户提供的服务质量，同时也决定了服务提供者能够从中得到多少利益。

## 2.2 自主计算技术的发展历程

一般认为，自主计算研究起始于 2001 年，国际商用机器 (International Business Machine，IBM) 公司高级副总裁 Horn 在哈佛大学做主题报告时提出了这一概念。随后，Kephart 等[1]于 2003 年系统地论述了自主计算的远景。Kephart 提出了一种以 MAPE (monitor，analyze，plan，execute，监视-分析-规划-执行) 控制环作为自主元素的自适应控制机制，分析了自主计算在体系结构、工程和科学方面应有的考虑，为自主计算的研究初步确立了方向和路线。2004 年，Kephart 等[2]又提出了由三种不同策略 (动作策略、目标策略和效用函数策略) 组成的统一框架，为解决自主计算的人机接口问题及实现自主计算系统的可指导性奠定了理论基础。2005 年，Kephart[3]又从自主元素、自主系统和人与系统交互三个方面出发，全面分析了实现自主计算所面临的主要挑战。

近年来，IBM 所推出的一系列软件和开发工具，许多都带有自主计算的特征。例如，IBM 推出了在其 p 系列小型机系统上使用的自主计算开发工具，发布了一款能够使编程人员在其应用程序中集成自主功能的开放源代码开发工具，IBM 公司将这一名为"自主计算工具包"的开发工具包作为 Eclipse 开发环境的免费插件，该插件整合了 IBM 公司最新版本的自主计算开发工具，以及在复杂环境中简化软件安装的工具。

在 IBM 公司一系列的软件产品中，提供了一个管理工具套件，该套件能够帮助实现个体资源组件日常管理任务的自动化。IBM 产品 (包括 IBM Tivoli 监视产品家族、IBM Tivoli 配置管理器、IBM Tivoli 访问管理器和 IBM Tivoli 存储管理器) 已经开始使 IT 基础设施中的资源组件 (系统、应用、中间件、网络和存储设备) 具备了自管理功能。IBM 公司将通过 IBM 服务器集团、IBM 软件集团和大量第三方供应商，在资源组件中嵌入适当的技术，使其能够成为自主 IT 基础设施中的一员。

自 IBM DB2 Universal Database V8.1 版本开始，实现了功能强大的工具和监视器，使得 DB2 数据库可以真正开始监视自己的健康状态，而不必依赖数据库管理员

(database administrator，DBA)。DB2 Stinger 重新设计了工具集，其监视功能更加优良，还增加了新的健康数据获取界面，从而丰富和扩展了 DB2 的自主计算功能。

在 IBM 公司于 2001 年提出自主计算的概念后，一些著名的 IT 公司也提出了自己的自主计算概念，例如，SUN 公司的 N1 概念；惠普(HP)公司的自适应企业(the adaptive enterprise)概念及推出的 Open View 产品；微软(Microsoft)公司提出了 Dynamic Systems Initiative 的构想，并给出了系统的定义模型，其核心理念同样是自主管理动态系统(self-managing dynamic system)；英特尔(Intel)公司则提出了主动式计算(proactive computing)的概念；此外，NEC 公司还提出了 VALUMO 的构想；东芝、富士通等知名 IT 企业也都提出了自己的自主计算构想。Net Integration Technologies 宣传其 Nitix 产品为世界上第一个自主服务器操作系统。

除了 IBM 公司、惠普公司、微软公司等一些知名技术公司开展了一系列研究，国外的大学和机构也开展了自主计算相关研究及开发。

美国加利福尼亚大学伯克利分校(University of California，Berkeley)和斯坦福大学(Stanford University)的研究者联合提出的 Recovery-Oriented Computing 研究项目，将研究重点由容错转为系统的异常自修复。由加利福尼亚大学伯克利分校开发的 Ganglia，是经过长期实践检验的监控平台。目前 Ganglia 依然是一个快速发展的开源集群监控系统。该系统易于扩展，并被主流的开源社区所支持，且能够运行在当今主流的操作系统上，同时对 Hadoop 提供插件支持，并可对其进行监控。

美国亚利桑那州立大学(Arizona State University)开发了自主开发环境 AUTONOMIA。

在航空航天领域，航天器的运营成本正受到越来越多的关注。在许多系统中，减少人为的干预，提升系统的智能特性，使其可自动化地运行，是可行的发展方向。通常航天系统由航天器发送工程数据和科学数据回地面，由地面接收、处理、分析再给予航天器反馈。在航天器的数量和复杂性增加的同时，就要求有大量的专业人员来控制航天器。在美国国家航空航天局(National Aeronautics and Space Administration，NASA)公开发表的文献中，从 2000 年开始，其多个太空计划所使用的系统逐渐考虑并采用了自主计算技术，显著地减少了地面操作技术人员的数量。

Bennani 等[4]提出将自主计算技术应用在服务资源动态分配上，通过对响应时间等系统指标的度量，构建了效用函数。当系统中服务器的工作量出现变化或是服务器失效时，通过自调节的方式对服务资源进行动态分配，达到全局效用函数最大化的目的。

美国加利福尼亚大学伯克利分校联合 eBay 公司[5]共同提出了利用决策树实现系统自诊断的方案，并在 eBay 平台上对方案的可行性进行了验证。

微软研究院的 Kiciman 等[6]提出利用数据挖掘技术中的聚类思想和现有的配置样本，自主推断出合适的系统配置方案。

美国罗格斯大学(Rutgers University)的 Littman 等[7]利用强化学习技术对网络修复过程进行了建模,实现自主修复网络、保证网络连通性的目标;Bohra 等[8]提出了一种利用操作系统后门对软件进行远程监控和修复的方法,并通过修改 FreeBSD 内核实现了原型系统,并针对分叉函数炸弹和内存占用两种现象进行了实验,验证了方法的可行性。

Ranganathan 等[9]提出重点对自主计算技术中的自优化技术进行研究,构建了多维的效用函数,达到在复杂分布式系统环境下执行任务时,能够自主选择最优途径的目的。

美国得克萨斯大学奥斯汀分校(University of Texas at Austin)的 Wildstrom 等[10]提出一种针对 TPC-W 测评分布式系统的硬件自配置机制,与传统自主计算思想不同,该机制没有使用任何中间件,而是对系统硬件的使用情况和当前配置进行机器学习,从而找出不同运作状态下的最优硬件配置。

美国科罗拉多大学(University of Colorado)的 Rutherford 等[11]提出了一种针对企业 JavaBean 组件容器模型的自配置机制。

自主计算技术同样受到了决策技术研究领域学者的关注,IBM 公司印度研究实验室的 Srivastava 等[12]对自主决策计算应用到自主计算中可能遇到的问题和挑战进行了综述性的说明。

美国 IBM 托马斯·沃森研究中心(IBM Thomas Watson Research Center)的 Kephart[3]列举了当前自主计算所面临的技术上、工程上的挑战,如自主管理器设计中接口统一性等问题,同时对一些问题的现有研究成果进行了描述,而 Brown 等[13]提出了一种针对自主计算的测评系统,相对传统意义上的测评系统,在原有工作负载响应模式的基础上又增加注入更改手段,该测评系统为自主计算能力测评提供了新思路。

自主计算的"以技术管理技术"的特性使得在不增加系统自身复制性的基础上实现了系统自我管理能力的提高,可信性领域的研究者针对自主特性的特质开展了对自主计算技术与可信计算结合的相关研究,并且取得了一定成果。

北爱尔兰阿尔斯特大学(University of Ulster)的 Sterritt 等[14]在 2003 年首次提出了将计算机系统的可信性与自主计算技术相结合的理念,并且还对利用自主计算实现可信性的途径进行了描述,对基于自主计算的分布式系统可信性增强技术的研究也逐渐展开。

美国伊利诺伊大学香槟分校(University of Illinois Urbana-Champaign)的 Joshi 等[15]提出了基于部分可见的马尔可夫决策模型实现分布式系统的故障自恢复,并在企业消息网络系统中进行了实验验证;随后,又继续对部分可见的马尔可夫决策模型进行了改进,提出了 RA-Bound 模型。

保加利亚瓦尔纳技术大学(Technical University of Varna)的 Staneva 等对自感知

技术进行了研究，在文献[16]中利用 MA(mobile agents)技术实现了分布式环境下系统状态自主监测的目标，首先对 MA 进行了综述，然后对 D'Agents 平台进行了重点说明，并基于 D'Agents 平台开发了分布式系统自主检测系统。

意大利都灵理工学院(Politecnico di Torino)的 Baldini 等在文献[17]中提出了在复杂的异构分布式环境下同样利用 MA 技术实现自测试策略，该研究的目标是为基于自恢复实现数字系统可信性增强研究提供帮助，该文献从自决策的角度将可信性与自主计算技术相结合。

德国帕德博恩大学(University of Paderborn)的 Tichy 等[18]同样对自主计算技术与可信计算技术的结合进行了探索，提出了一种基于模式的可信软件设计方法，该方法对原有的容错技术进行建模，并通过重用这些容错模型进行软件设计，以达到提高软件自管理能力的目的。

美国普渡大学(Purdue University)的 Dai 等[19]从自主计算的自配置、自保护及自恢复三个方面对现有的模型驱动的自主计算研究成果进行了综述，并提出了具有系统层、通信层及组件层的可信性自主计算增强模型。

国内的高校和科研院所也开展了自主计算相关研究及开发。中国科学院计算技术研究所智能信息处理重点实验室是我国开展自主计算研究较早的单位，史忠植教授主持的智能科学课题组在国家高技术研究发展计划(863 计划)支持下，在自主计算研究方面开展了多项研究，主要方向为将智能主体和机器学习有机整合。

南京大学、南京理工大学在软件恢复课题中引入了自主计算的研究思想。

浙江大学也开展了利用智能体(agent)技术进行自主计算的技术及开发平台研究。

哈尔滨工业大学在自主计算领域与其他计算机学科领域开展了交叉研究，将自主计算的思想与容错领域相结合，在故障检测、故障诊断和故障恢复技术等方面开展了研究，提出了针对服务器或集群故障的管理策略，保证了高可用性；开展了自主计算与可信计算结合的相关研究，并针对代理集群中异常状态感知的可信性开展了增强技术的研究。

## 2.3　自主计算系统的组成

### 2.3.1　基本结构

自主计算系统(autonomic computing system，ACS)主要研究如何把担任各种功能的自主单元联合起来，形成合作的或协作的群体，实现系统的全局自适应。这与传统的多智能体系统(multi-agent systems，MAS)的研究重点类似。在 MAS 中，现有的研究主要集中在多 agent 协调、协商和合作求解，以及 agent 组织和 MAS 社会性等问题上，这些理论成果为建立自主计算系统理论体系奠定了坚实的基础。不过，

ACS 有着自己的特点：①需要接受动态的 IT 策略的指导；②重点研究如何利用个体自主元素的自我管理功能来实现整个系统的动态平衡。

从用户的角度，自主计算系统可以看成一个黑箱，如图 2-1 所示。自主计算系统通过感受器感知环境，并通过动作器反作用于环境。自主计算系统在通过感受器感知环境的变化或者外界的需求后，经过内部信息的处理，反馈出符合需求或变化的信息，再由动作器做出相应的动作。

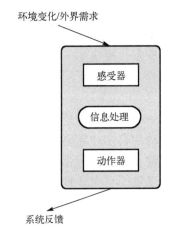

图 2-1  自主计算系统的基本过程

将自主计算系统看作一个映射，即从感知序列到输出动作的映射。设 $O$ 为自主计算系统所有可感知的环境变化或外界需求的集合，$A$ 为动作器所能完成的所有动作的集合，则自主计算系统行为定义为

$$\{f \mid O \rightarrow A\}$$

从实现的角度来说，自主计算系统行为可由以下伪代码给出：

```
Function Autonomic_System (percept) return action
{
        Static: memory
        Memory←Update-Memory(memory, percept);
        Action←Choose-Best-Action(memory);
        Memory←Update-Memory(memory, action);
        Return action;
}
```

每次自主计算系统的运行，都是自主计算系统对外界环境改变或需求的反馈，反映到自主计算系统内部就是自主计算系统更新内部状态并选取最优反馈的过程。

自主计算必须能够接受 IT 管理者的动态指导。在自主神经系统中，指导系统行为的约束信息体现为大脑皮层产生的各种情绪状态及体内的各种参数范围(如心率、血压、血糖水平等)。相应地，自主计算系统中指导系统行为的约束信息是来自 IT 管理者制定的管理策略，这里的管理策略概念与传统基于策略的管理系统中的策略类似。基于策略的管理是指一种用于管理网络和分布式系统的方法，它把系统的管理逻辑和应用逻辑相分离，并将管理逻辑表示为控制系统行为选择的规则，即策略。策略可以动态部署、更新或删除。因此，可以在不改变软件编码或停止系统运行的前提下，通过改变策略来支持系统行为的动态适应，这意味着可以通过动态更新由分布式实体解释的策略规则来改变它们的行为。由此可知，传统的基于策略管理的思想可以用于自主计算系统。

策略是一种用于指导系统决策和行动的规则，一般分为两类：义务型策略和授权型策略，分别规定策略执行者应该/不应该做什么和允许/不允许做什么。在自主计算背景下，应该允许策略有更宽松的定义，Kephart 等[2]从人工智能的角度把自主计算系统中的策略分为 3 种类型：动作策略、目标策略和效用函数策略。其中，动作策略规定系统处于给定状态时应该采取的动作；目标策略只规定期望的状态，具体条件下的动作由系统规划产生；效用函数策略不直接指定期望的状态，只给出一个目标函数，这个函数用于表达每个可能状态的标量值。

## 2.3.2　MAPE 过程

Kephart 等[1]提出了一种 MAPE 控制环作为自主元素的自适应控制机制，即自主系统工作的基本循环过程包括了监视(monitor)、分析(analyze)、计划(plan)、执行(execute)，其中监视过程收集、集合、过滤、管理、报告系统内部的状态与信息，分析过程对当前复杂环境进行分析建模，计划过程根据目标建造行为序列，执行过程控制管理规划的执行，最后达成系统自主运行与自主管理的目的。

上述 4 个功能部件均在知识库的支持下运作。知识库中的知识一般可以分为 3 类：状态判定知识、策略知识和问题求解知识(分别记作 KD、KP、KS)，即自主管理的知识 K=KD+ KP+ KS。状态判定知识 KD 包括获得的监测数据和症状等，用于觉察被管资源和外部环境的状态；策略知识 KP 定义从状态到动作(或目标)的映射，包括 IT 管理者定义的策略和通过机器学习获得的策略；问题求解知识 KS 包括规划、安装和配置等知识，用于系统状态偏离期望目标时的问题求解。依据自主管理所实现的功能不同，可以分为自配置型、自修复型、自优化型和自保护型。在一个自主管理系统中，它们既可以管理同一资源，也可以管理不同的资源。

此外，Kephart 还分析了自主计算在体系结构、工程和科学等方面应有的考虑，为自主计算的研究初步确立了方向和路线；Kephart 于 2004 年提出了由三种不同策略(动作策略、目标策略和效用函数策略)组成的统一框架，为解决自主计算的人机接口问题及实现自主计算系统的可指导性奠定了重要的理论基础；Kephart 于 2005

年，又从自主元素、自助系统和人与系统交互这三个方面出发，全面分析了实现自主计算所面临的主要挑战。

### 2.3.3　自主单元

每个自主单元包含监视（monitor）、分析（analyze）、计划（plan）和执行（execute）四部分，即 MAPE 过程，如图 2-2 所示。

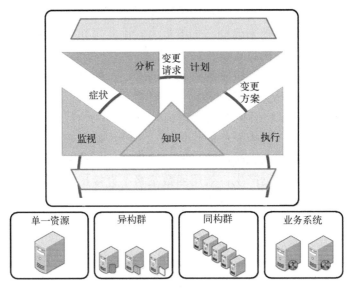

图 2-2　自主单元 MAPE 过程示意图

如图 2-3 所示，自主系统由自主单元组成，可以认为分布式计算的各个节点都是自主计算节点，每个节点上由自主单元参与系统运行，每个自主单元由基本的两部分组成，即受管理资源和自主管理器。受管理资源可以是硬件资源，如存储、CPU、输出设备等，也可以是软件资源，如数据库、文件服务，甚至是一整套其他系统。

通常来说，自主单元所提供的服务首先需要在网络上注册，常见的注册方式有通用描述、发现与集成（universal description, discovery and integration，UDDI）协议和开放网格服务结构（open grid services architecture，OGSA）等，将服务的地址、通信协议、访问权限等细节在网络上注册，以供服务的需求者进行检索。因此，在自主系统中，有必要建立一种统一的服务注册机制。另外，自主单元在运行时，需要定位它所需要的服务的位置，这些都可以通过统一的服务注册机制来实现。

由于资源总是有限的，在自主单元收到服务请求后，需要确定提供服务的策略。例如，比较简单的一种策略是先来先服务，自主单元首先响应消息队列中先到的请求，若资源足够，则继续响应下一个请求。但是这种策略不能有效地利用所有资源，

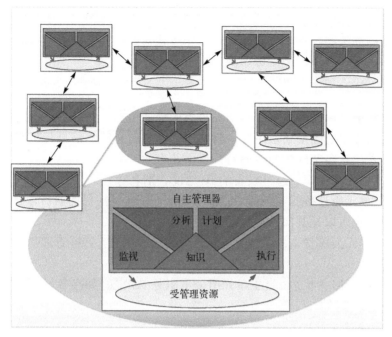

图 2-3 自主单元示意图

并且容易造成阻塞。此外还可以使用统一规划的策略，在到来的一批请求中，根据现有可用资源进行统一规划，最大化地利用可用资源。

### 2.3.4 自主管理器

自主管理器可以认为是系统实现自主特性的核心，如图 2-4 所示，其主要组成包括状态空间、通信器、内部协调器、执行器等。其中，状态空间中存有自主单元自身的相关信息及它所感知外界各种信息的集合；通信器提供了自主单元与外界通信的功能，外界环境的感知及与其他自主单元交互的信息都经由通信器；内部协调

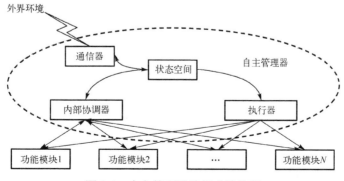

图 2-4 自主管理器的组成结构图

器提供了自主单元内部各个功能模块之间的通信；执行器则完成消息分派、功能模块的执行控制等功能。各个功能模块都是相对独立的实体，由执行器启动后即完全并行地执行，通过内部协调器协调工作。

### 1. 状态空间

状态空间中存储的信息主要包括对自身的描述信息、对外界环境的描述信息，以及对其他自主单元的描述信息等。将状态空间中所存储的信息与状态作为自主动作判断的输入，状态空间主要内容包括以下几方面。

(1)自主单元的标识信息：设备的 IP 地址、别名等。

(2)自主单元所具备的业务能力：自主单元可以向外提供的服务，可以是其控制的模块信息，也可以是其向外提供的服务信息。

(3)自主单元当前状态：即自主单元自身的运行状态，如检查通信器、初始化内部协调器等。

(4)自主单元服务状态：自主单元所提供服务的状态，如准备好、运行中、完成、休眠等。

### 2. 通信器

作为分布式计算系统，其基本特性就是由多个节点协作完成同一任务或者一个任务的不同部分，所以系统中各节点间的通信过程是系统能够实现有效协作的基本保障。

在分布式系统中，从物理结构来说，有存在于小型局域网内部的系统，节点从 2 个到几百个，比较典型的就是单位内部实现某具体业务功能的系统。也有大型的基于广域网的系统，节点可以达到上亿之多，其典型示例有各种典型的 P2P(peer-to-peer)软件系统，如用于文件共享的电驴软件，其同时在线节点数最多可以接近一亿个，其本质就是利用分布式计算系统的通信功能完成文件的搜索与共享功能。

在具备自主特性的系统中，通信器不仅承担其基本的通信任务，还需承担由通信的各种信息支持系统的状态判断、业务流程调度等自主特性功能。

### 3. 内部协调器

内部协调器的作用是在单个硬件处理资源内部协调软件的工作，自主单元管理的多种资源运行在不同的地址空间中，它们之间交换信息可以通过共享内存或共享文件的方式，也可直接通过通信器进行信息传输。但通过通信器的方式增加了许多不必要的开销，因此考虑到效率问题，采用共享内存的黑板方式较为合适，且更易于进行并发控制。黑板可以认为是一个很大的共享内存区域，并被分块管理，每个分块可以用来存储交互信息。黑板模式虽然效率高，但在实现过程中容易出现异常连带效应，即某模块出现异常后，会影响其他与之共享黑板的模块，使之运行也出现异常。在最终系统设计时，本书还是采取了强隔离的形式来进行自主单元间和内部的通信，这在之后的章节将进行描述。

### 4. 执行器

执行器的功能相当于操作系统中的进程管理，但其管理的是自主单元中受管理的资源，即完成业务的相应功能模块。执行器在控制这些模块时有着类似的控制循环，执行器工作流程图如图 2-5 所示。

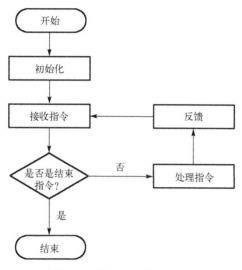

图 2-5　执行器工作流程图

(1)初始化：在开始运行时读入自身配置文件和启动自身各项配置并向状态空间报告的过程。

(2)接收指令：检查通信器是否有针对本模块的指令，若有，则取出第一条指令。

(3)执行消息相应的动作：根据消息内容所描述的服务/计算等业务请求，做出相应的动作，如启动特定的功能模块或业务处理功能。若收到的消息是要求本自主单元停止运行，则跳到(6)。

(4)反馈：若消息内容需要反馈，则在执行完相应的业务功能后，将信息交由通信器并向其他自主单元或环境进行反馈。

(5)跳转到(2)。

(6)停止运行：自主管理器将告知环境即将进入停止状态，进行保存信息、释放内存等工作。

### 2.3.5　受管理资源

一个自主单元通过自主管理器可以管理多个受管理资源。这些受管理资源通常都是预编译好的可执行代码,可具体实现某个单项的业务功能或组合完成一系列的业务工作。这些资源之间通过内部协调器进行协调工作和交互信息。

由于受管理资源需要接受自主管理器的管理和协调运行,因此在开发受管理资源的软件时,就需要遵循一定的规则,才能接受自主管理器的管理。自主管理器中的内部协调器的作用就是协调自主管理器与受管理资源之间,以及受管理资源之间的交互运行。内部协调器将提供一套调用接口,受管理资源引用这套接口就可以实现与自主管理器及其他受管理资源的协调运行。

受管理资源可以看作硬件资源上的一系列进程,其状态受自身和自主管理器的共同控制。通常情况下,受管理资源有四种状态:静止态、就绪态、运行态和阻塞态,如图 2-6 所示。

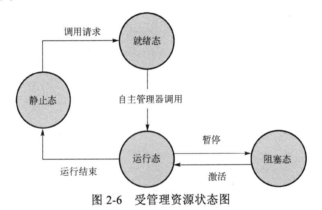

图 2-6　受管理资源状态图

静止态:该资源没有运行并停留在硬盘上的状态,在自主单元产生需求后,可以进入就绪态。

就绪态:自主管理器将该资源作为可后备运行的状态,作为可调用列表中的一员,但此时该资源仍停留在硬盘上。

运行态:由自主管理器根据一定的规则如优先级、统筹资源等,选择某个处于就绪态的资源运行,该资源就处于运行态,等待运行完成后,仍回到静止态。

阻塞态:若资源处于运行态,当其得不到向其他资源请求的反馈时,可以自行进入阻塞态,此时不进行任何操作,直至被激活,被激活后恢复到运行态。

## 2.4　系统自主特性的成熟度分级

2.3 节对于自主系统的定义实际上是一种理想状态,完全具备这些特性的系统已经可以认为是具备一定智能性的系统。但是在系统实现的过程中，其自主程度是分阶段实施的，各种自主特性和功能都是部分实现的。Ganek 等[20]将自主计算的成熟度分为 5 个级别。

级别 1：basic——基础的。

级别 2：managed——受管理的。

级别 3：predictive——可预测的。

级别 4：adaptive——自适应的。

级别 5：autonomic——自主的。

各级别具体含义见表 2-1，其中最后一个级别才是真正意义上的自主计算。

**表 2-1 自主特性分级**

| 级别 | 级别 1 | 级别 2 | 级别 3 | 级别 4 | 级别 5 |
|---|---|---|---|---|---|
| 特征 | 多个异构的业务系统；<br>需要大量高技术员工进行维护 | 通过管理工具整合业务系统；<br>IT 员工进行分析并进行方案实施 | 系统受监控，且自动给出推荐方案；<br>IT 员工仅需批准方案与实施 | 系统受监控，且可自动调优；<br>IT 员工仅考虑系统性能 | 由业务规则动态管理系统；<br>IT 员工专注于实现业务需求 |
| 作用 | | 提高系统意识；<br>提高生产力 | 减少对高技术员工的依赖；<br>更快、更好地进行决策 | 仅用最少的人力保持系统的灵活应变能力 | 业务政策驱动 IT 管理；<br>业务具备敏捷的应变能力 |

可以看出，在达到自主计算的级别时，系统具有动态性，能自适应需求的变化，能自主调优整个系统的运行，由业务运行需求来驱动系统的发展，且系统具有敏捷的应变能力。

## 2.5 其他相关分布式计算技术

分布式计算是一种新的计算方式，主要研究如何把一个需要巨大计算能力才能解决的问题分成许多小的部分，分别分配给多个联网参与计算的计算机进行处理，最后把这些结果综合起来得到最终的结果[21,22]。研究主要集中在分布式操作系统和分布式计算环境研究两个方面。但随着 Internet 技术的飞速发展，分布式计算的研究热点也从以分布式操作系统为中心的传统模式转换到以网络计算平台为中心的实用分布式技术，并取得了较大的成功。

当前分布式计算领域有多种技术及发展方向，如中间件技术、网格计算、P2P技术、Web Service 技术、云计算、雾计算、边缘计算、可信计算等。与自主计算相比，这些技术分别有着不同的特点，下面将分别进行介绍。

### 2.5.1　中间件技术

中间件是介于应用系统和系统软件之间的一类软件，它使用系统软件所提供的基础服务（功能），衔接网络上应用系统的各个部分或不同的应用，达到资源共享、功能共享的目的。目前，中间件并没有很严格的定义，普遍接受的定义为中间件是一种独立的系统软件或服务程序，分布式应用软件借助这种软件在不同的技术之间共享资源，中间件位于客户机服务器的操作系统之上，管理计算资源和网络通信[23]。中间件具有以下特点：

(1) 标准的协议和接口；

(2) 提供网络、硬件、操作系统的透明性应用；

(3) 满足大量应用的需要；

(4) 能运行于多种硬件和操作系统平台。

中间件有以下的工作机制：在客户端上的应用程序需要从网络中的某个地方获取一定的数据或服务，这些数据或服务可能处于一个运行着不同操作系统和特定查询语言数据库的服务器中。客户-服务器应用程序中负责寻找数据的部分只需访问一个中间件系统，由中间件完成到网络中找到数据源或服务，进而传输客户请求、重组答复信息，最后将结果送回应用程序的任务。在具体实现上，中间件是一个用应用程序接口（application program interface，API）定义的软件层，具有强大的通信能力和良好的可扩展性的分布式软件管理框架。

中间件屏蔽了底层操作系统的复杂性，使程序开发人员面对一个简单而统一的开发环境，减少程序设计的复杂性，将注意力集中在自己的业务上，不必再为程序在不同系统软件上的移植而重复工作，从而大大减少了技术上的负担。所以说中间件带给应用系统的，不只是开发的简便、开发周期的缩短，同时也减少了系统的维护、运行和管理的工作量，还减少了计算机总体费用的投入。中间件作为新层次的基础软件，其重要作用是将不同时期、在不同操作系统上开发的应用软件集成起来，像一个天衣无缝的整体协调工作，这是操作系统、数据库管理系统本身做不了的。

### 2.5.2　网格计算

美国阿贡国家实验室的资深科学家、美国著名的网格计算项目 Globus 的主持人 Foster，曾在文献[24]中这样描述网格："网格是构建在 Internet 上的一组新兴技术，它将高速互联网、高性能计算机、大型数据库、传感器、远程设备等融为一体，为科技人员和普通百姓提供更多的资源、功能和交互性。互联网主要为人们提供电子邮件、网页浏览等通信功能，而网格的功能则更多更强，能让人们透明地使用计算、存储等其他资源"。由此可见，实际上 Internet 实现了计算机硬件的联通，Web 实现了网页的联通，而网格则试图实现互联网上所有资源的全面联通，把整个互联网整合成一台巨大的虚拟超级计算机，实现计算资源、存储资源、通信资源、软件资源、信息资源、知识资源的全面共享，消除信息孤岛和资源孤岛。

2002 年 Foster 在文献[25]中从 3 个方面更清晰地定义了网格，他认为网格是一个满足如下 3 个条件的系统。

(1)在非集中控制的环境中协同使用资源。网格能集成和协调资源与用户在不同控制域内的活动。

(2)使用标准的、开放的、通用的协议和接口。一个网格是由多用途协议和接口来构建的，该协议应能解决鉴别、授权、资源发现和资源访问等基本问题。

(3)提供非凡的服务质量。网格允许按协作的方式来使用其组成资源，以提供各种各样的服务质量，如反应时间、容许能力、可利用性和安全性，还有协作配置多重资源类型以满足复杂的用户要求等服务质量，这种组合系统的功效显著地高于该系统各部分功效的总和。

网格作为一种新出现的重要基础设施，和其他系统相比，有其重要的特点[26]。

(1)分布与异构性：网格系统由分布在 Internet 上的各类资源组成，包括各类大型机、工作站和个人计算机，它们是异构的，可以运行在 UNIX、Windows、Linux 等各种操作系统下，也可以是上述机型的机群系统、大型存储设备、数据库或其他设备。由于网格系统的这种分布性与异构性，如何实现异构机器之间资源与任务的分配与调度、安全通信与互操作、实时性等问题是网格计算的首要问题。

(2)动态性：组成网格系统的资源不是一成不变的，而是动态变化的，随着时间的推移，原先不在网格上的资源有可能连接到网格上，原先在网格上的资源由于故障或其他原因有可能不再可用。针对网格资源的动态变化性，资源管理必须能动态监视和管理网格资源，实现任务的动态迁移，从可利用的资源中选取最佳资源服务。

(3)自治性与多重管理性：网格上的资源是属于不同的组织或个人的，资源的拥有者应该拥有对资源管理的最高权限，这就是网格资源的自治性。但网格资源也必须接受网格的统一管理，否则不同组织的资源就无法建立联系，无法实现共享和互操作，也就无法作为一个整体为网格用户提供方便的服务。

网格计算的目的是把互联网整合为一台巨大的超级计算机，将网络上的各种资源组织在一个统一的大框架下，实现计算资源、存储资源、信息资源、知识资源等的全面共享，消除信息孤岛和资源孤岛，使整个互联网上资源互通、互连和相互利用，以满足人们对资源和信息越来越高的需求。网格计算通过利用大量异构计算机的未用资源，如中央处理器和磁盘存储等，将其作为嵌入在分布式网络与计算基础设施中的一个虚拟的计算机集群，为解决大规模的计算问题提供了一个模型。网格计算的焦点放在支持跨管理域计算的能力，这使它与传统的计算机集群或传统的分布式计算相区别。总之，网格计算主要着眼于跨管理区域资源的整合与共享，以提高分散和闲散资源的利用率。

### 2.5.3　P2P 技术

P2P 是指由硬件形成网络连接后的信息控制技术，是一种强调节点之间逻辑对等的新型计算模式[10]。目前，业界有很多关于 P2P 的定义，典型定义如下所示。

(1)P2P 工作组：P2P 通过系统间直接交换来共享计算机资源和服务。

(2)Intel 工作组：P2P 是通过在系统之间直接交换来共享计算机资源和服务的一种应用模式。

(3)IBM：P2P 是由若干互连协作的计算机构成的系统，且至少具有如下特征之一。系统依存于边缘化(非中央式服务器)设备的主动协作，每个成员直接从其他成员而不是从服务器的参与中受益；系统中成员同时扮演服务器与客户端的角色；系统应用的用户能够意识到彼此的存在，构成一个虚拟或实际的群体。

(4)HP：P2P 是一类采取分布式方式利用分布式资源完成关键功能的系统。这里分布式资源包括计算能力、存储空间、数据、网络带宽及各种存在的可用资源。关键功能可以是分布式计算、数据内容共享、通信与协作或平台服务。

P2P 的主要特点包括[11]：①去中心化，没有或弱化了集中控制概念；②对等性，逻辑上各节点在功能上对等；③自组织性，各节点以自组织的方式互联成一个拓扑网络，能够适应节点的动态变化；④资源共享，相互连接的各节点以资源共享为目的。

对等网络目前已有很多分类标准，当前，采用较多的分类方法是根据是否有中央服务器，可以将 P2P 网络分为混合式、分散式和有超级节点的 P2P 网络[27,28]。

混合式 P2P 网络的中央服务器只是索引服务器，与客户端/服务器(client/server，C/S)模式中的服务器不同，P2P 网络中的索引服务器只记录内容的索引和节点的必要信息，在辅助节点之间建立连接，而内容本身存储在节点中，内容的传送只在节点之间进行，不通过服务器，如 Napster、BT、eDonkey、eMule。

分散式 P2P 网络没有服务器，通过基于 P2P 协议的客户端软件搜索网络中存在的对等节点，节点之间可以直接建立连接，每个节点都是完全平等的，如 Gnutella。

在有超级节点的 P2P 网络中，有着高网速(特别是很高的上行速率)和高性能的计算机被自动设置为超级节点，超级节点作为其他用户的索引服务器。随着节点的频繁加入和退出，超级节点有着很大的动态性，如 FastTrack。

有中央服务器的 P2P 网络易于管理、易于发现网络节点、搜索速度较快。但是，存在单点失效问题，一旦中央服务器出现故障，整个网络将陷于瘫痪。没有超级节点的分散式 P2P 网络则没有单点失效问题，任何一个节点退出网络或出现故障，都不会造成显著影响。但是不易管理，不易发现全部网络节点，搜索相对较慢或者算法较复杂。有超级节点的 P2P 网络结合了前两者的优点，但是也有新问题，如怎样管理超级节点等。

P2P 网络中，每个节点既是客户机，又是服务器，即使有中央服务器，它的作用也被弱化了，每个对等节点的性能，如对等节点连接在网络上的时间、加入和退出网络的频繁程度、提供的共享空间大小、提供的共享数据、对等节点之间的连通性、对等节点的上行/下行速率等，都会对整体业务性能产生影响。

## 2.5.4　Web Service 技术

Web Service 体系工作组对 Web Service 提供了如下的参考定义：Web Service 提供了在各种平台和框架上运行的不同应用程序之间进行互操作的标准方法。Web Service 可以从多个角度来定义。从技术方面讲，一个 Web Service 是可以被统一资源标识符(uniform resource identifier，URI)识别的应用软件，其接口和绑定由可扩展标记语言(extensible markup language，XML)描述与发现，并可与其他基于 XML 消息的应用程序交互[29]。从功能角度讲，Web Service 是一种新型的 Web 应用程序，具有自包含、自描述及模块化的特点，可以通过 Web 发布、查找和调用[30]。其实现的功能可以是响应客户一个简单的请求，也可以是完成一个复杂的商务流程。

从定义可以知道，Web Service 在不同的软件应用之间提供了标准的交互方式，使原来各孤立的站点之间的信息能够相互通信、共享，而不用考虑应用程序的实现技术及运行平台。最普遍的一种说法就是[14]：Web Service=SOAP+HTTP+WSDL。其中，简单对象访问协议(simple object access protocol，SOAP)是 Web Service 的主体。Web 服务描述语言(Web service description language，WSDL)是一个 XML 文档，它通过超文本传送协议(hypertext transfer protocol，HTTP)向公众发布，公告客户端程序关于某个具体的 Web Service 的统一资源定位符(uniform resource locator，URL)信息、方法的命名、参数、返回值等。对 Web Service 更精确的解释是 Web Service 是建立可互操作的分布式应用程序的新平台。Web Service 平台是一套标准，定义了一套标准的调用过程。

一个 Web Service 配置好后，其他应用程序和 Web Service 就可以直接发现和调用该服务。具体而言 Web Service 应具有如下特性[15]：①可描述，可以通过一种服务描述语言来描述；②可发布，可以在注册中心注册其描述信息并发布；③可查找，可以通过向注册服务器发送查询请求找到满足查询条件的服务，获取服务的绑定信息；④可绑定，可以通过服务的描述信息生成可调用的服务实例或服务代理；⑤可调用，可以使用服务描述信息中的绑定细节实现服务的远程调用；⑥可组合，可以与其他服务组合在一起形成新的服务。

Web Service 采用了面向服务的体系结构(service-oriented architecture，SOA)，通过服务提供者、服务请求者和服务注册库等实体之间的交互实现服务调用，如图 2-7 所示。

Web Service 采用的体系结构中包含三种角色。服务是提供给需求者，按一定规则使用的应用程序，其描述信息和访问规则被发布到服务注册库。服务提供者是服

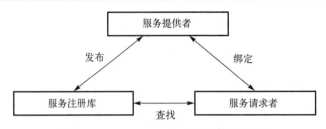

图 2-7　Web Service 角色间的服务调用

务的所有者，从体系结构上看其是提供服务访问的平台。服务请求者是需要特定功能的企业或组织，从体系结构上看其是查找和调用服务的客户端应用程序。服务注册库是存储服务描述信息的信息库，服务提供者在此发布他们的服务，服务请求者在此查找服务，获取服务的绑定信息。

　　上述三种实体之间主要通过发布、查找和绑定操作进行交互。服务提供者在通过身份验证后，对服务描述信息进行发布或修改。为了使服务能够被发现，服务注册库要提供规范的查询接口。查找一般包含两种模式：浏览和直接获取。前者是服务请求者根据一定分类标准来浏览，逐步缩小查找的范围，直到找到满足需要的服务，查找结果一般是服务集合；后者则根据关键字直接得到特定服务的描述信息，其查找结果是唯一的。服务请求者分析得到的服务信息，可以知道调用该服务的具体细节，如访问路径、服务调用的参数、返回结果、传输协议等，服务请求者据此进行绑定，实现对服务的远程调用。

　　Web Service 涉及的最基本的技术规范包括 XML、WSDL、SOAP 和 UDDI。WSDL 是程序员描述 Web Service 的编程接口。Web Service 可以通过 UDDI 来注册自己的特性，其他应用程序可以通过 UDDI 找到需要的 Web 服务。SOAP 则提供了应用程序和 Web 服务之间的通信手段。而 WSDL、SOAP 和 UDDI 都建立在 XML 基础之上。

## 2.5.5　云计算

　　云计算主要用来描述一个系统平台或者一种类型的应用程序，一个云计算的平台需要具备动态部署(provision)、配置(configuration)、重新配置(reconfigure)及取消服务(deprovision)等功能。云计算是虚拟化(virtualization)、效用计算(utility computing)、基础设施即服务(infrastructure as a service，IaaS)、平台即服务(platform as a service，PaaS)和软件即服务(software as a service，SaaS)等概念混合演化的结果。云计算平台中的服务器，既可以是物理的，也可以是虚拟的。高级的计算云通常还包含其他计算资源，如存储区域网(storage area network，SAN)、网络设备、防火墙，以及其他安全设备等。云计算描述了一种可以通过互联网进行访问的可扩展的应用程序。云应用使用大规模的数据中心及功能强劲的服务器来运行网络应用程序与网络服务。任何一个用户都可以通过合适的互联网接入设备与标准浏览器访问一个云计算应用程序。因此，云计算主要着眼于将资源和信息的共享提升到服务的层次上，将计算任务分布在大量计算机构成的资源池上，使各种应用系统能够根据需要来获取计算能力、存储空间和各种软件服务。

自亚马逊公司提出云计算以来，它的定义有许多种，目前尚无公认的定义。一方面体现了云计算包罗万象的特质；另一方面也说明了各界对云计算的高度重视。IBM 公司提出的基本概念为云计算实际是通过网络路径来达到交付信息服务资源的一种新的共享计算模式，云资源的使用者只需要关注自己需要的服务，不必了解云中的基础设施的实现过程。

该定义强调了云计算的 4 个特点[16]。

(1)互联网是载体。云计算是一种大众参与的互联网计算模式，一切能够联网的设备(包括各种胖/瘦客户端)都能利用互联网，实现位置透明、无所不在的访问。

(2)服务是核心。各种软件和硬件都是资源并被封装成了服务，用户看到的只是服务本身，无须关心相关基础设施的具体实现，即这些基础设施对用户来说是透明的。

(3)资源可配置。云计算具有整合资源按需扩展的特殊意义，它利用虚拟化技术，将物理上分散的来自不同数据中心的物理资源整合抽象成逻辑上集中的动态、可伸缩的虚拟资源，使其能够实现有效分配和按需扩展。

(4)用户可按需使用资源。用户能够在不直接购买复杂软件和硬件的情况下，最大限度地利用网络获取所需的计算力，就像使用水电一样快捷和方便。

按照服务的基本模式，可以分为软件即服务、平台即服务和基础设施即服务[17]。

(1)云计算中的基础设施即服务免去用户自主管理计算机硬件的麻烦。可调用底层接口来直接获取计算能力和存储能力，且基本不受逻辑的限制。

(2)承载应用程序开发及运行为平台云，开发的应用可在上面直接快速运行。但程序开发须符合相关标准和规范，如程序语言、程序框架等。

(3)需要直接使用的应用服务，可以使用应用云。一般通过浏览器即可访问对应服务。

按照云计算的提供商和使用者的关系特征可以分为公有云、私有云、社区云和混合云，其关系模式分类如图 2-8 所示。

公有云是由云提供商所提供面向服务的云，企业或用户不需要自己构建软硬件平台即可使用云服务，因此可以节省部署和维护云平台的成本及额外工作；私有云是独立搭建和使用的云计算系统，只能够提供给内部成员使用其建设的所有资源，组织外的用户无法获取服务；社区云由多组织构建提供特定共享利用的云，只对组织内部的成员开放，组织外部的成员无权使用；混合云由多个云组成，各组织云间互相独立但使用一定的标准技术捆绑在一块，便于数据和应用的移植性。

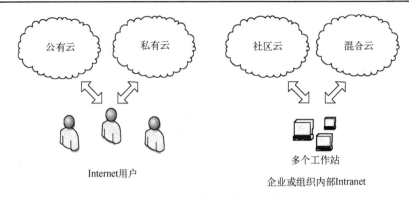

图 2-8　云计算关系模式分类

## 2.5.6　雾计算

随着无线网络技术和移动智能终端的不断发展，人们对于快速实时通信的需求越来越高，云计算已经不能满足异构、低时延等网络需求，在这种情况下，雾计算应运而生。雾计算的概念由 Cisco 在雾计算白皮书中首次提出，是云计算的一种延伸[31-33]，其组成可以是性能较弱、位置分散的各类功能计算机[34]。

雾计算将云计算扩展到了网络边缘，可以利用设备直接传输链路来提高系统吞吐量，解决了云计算移动性差、地理信息感知弱、时延高等问题[35]。

雾计算与云计算相比，主要还具有以下优点。

(1)低时延。雾设备处于网络边缘，计算贴近用户，计算能力强、网络容量大且通信距离短。

(2)高可靠。同一业务分布部署在多个区域雾节点中，某一区域发生异常，业务可快速转移到其他邻近区域，雾中冗余连接也可以提高可靠性。

(3)节省核心网带宽。雾处于终端与云之间，通过过滤、聚合用户信息，只将必要信息传送到云端，减少核心网络压力。

(4)了解背景信息。雾节点广泛分布，对背景了解加深，很多信息可以通过通信确定，而不需要感知再计算。

在雾计算架构中，数据可以在靠近用户的本地雾节点上进行处理，这就减少了数据传送到云端的操作，从而降低了网络上核心节点需要传输的数据总量，同时也减少用户请求的响应时间。雾计算的结构可以分为三层：用户层、雾层和云层[36,37]。

用户层：作为三层体系架构的第三层，用户层由数量众多的智能终端组成。这些终端包括智能手机、智能传感器、智能手环、智能摄像头等，这些终端设备通常称为终端节点。

雾层：位于三层体系架构的第二层，部署在分散在各地的雾服务器上，如广场、大型商场、地下停车场、高速公路两侧等位置，每一个雾服务器都是具有计算、网络、存储等资源的计算机。在雾计算体系中，雾层不仅充当用户和云端的数据桥梁，同时也能够对用户层上传的数据进行本地化处理。

云层：云层依然是雾计算架构中的核心层，是一个具有更强的计算、存储和带宽资源的云计算中心，能够提供历史数据存储、查询、统计等操作。云层不会直接与用户层交互，只负责处理来自雾层的请求。

## 2.5.7　边缘计算

边缘计算中的边缘指的是网络边缘上的计算和存储资源，这里的网络边缘与数据中心相对，无论是从地理距离还是网络距离上来看都更贴近用户。边缘计算目前还没有一个严格的统一的定义，美国卡内基·梅隆大学的 Satyanarayanan[38]把边缘计算描述为"边缘计算是一种新的计算模式，这种模式将计算与存储资源（如Cloudlet、微型数据中心或雾节点等）部署在更贴近移动设备或传感器的网络边缘"。美国韦恩州立大学的施巍松等[39]把边缘计算定义为"边缘计算是指在网络边缘执行计算的一种新型计算模式，边缘计算中边缘的下行数据表示云服务，上行数据表示万物互联服务，而边缘计算的边缘是指从数据源到云计算中心路径之间的任意计算和网络资源"。边缘计算则是利用这些资源在网络边缘为用户提供服务的技术，使应用可以在数据源附近处理数据。如果从仿生的角度来理解边缘计算，可以做这样的类比：云计算相当于人的大脑，边缘计算相当于人的神经末梢。

这些定义都强调边缘计算是一种新型计算模式，它的核心理念是"计算应该更靠近数据的源头，可以更贴近用户。"贴近首先表示网络距离近，在这种情况下由于网络规模的缩小带宽、时延、抖动等不稳定因素都易于控制与改进。还可以表示空间距离近，这意味着边缘计算的资源与用户处在同一个情景之中（如位置），根据这些情景信息可以为用户提供个性化的服务（如基于位置信息的服务）。空间距离与网络距离有时可能并没有关联，但应用可以根据自己的需要来选择合适的计算节点。

网络边缘的资源主要包括移动手机、个人计算机等用户终端，WiFi 接入点、蜂窝网络基站与路由器等基础设施，摄像头、机顶盒等嵌入式设备，Cloudlet 等小型计算中心等。这些资源数量众多，相互独立，分散在用户周围，称为边缘节点。边缘计算就是要把这些独立分散的资源统一，为用户提供服务[40]。边缘计算具有以下明显的优点。

（1）极大地缓解网络带宽与数据中心的压力。思科公司在 2015～2020 年全球云指数中指出，随着物联网（internet of things，IoT）的发展，2020 年全球的设备会产生 600ZB 的数据，但其中只有 10%是关键数据，其余 90%都是临时数据无须长期存储。边缘计算可以充分地利用这个特点，在网络边缘处理大量临时数据，从而减轻网络带宽与数据中心的压力。

（2）增强服务的响应能力。移动设备在计算、存储和电量等资源上的匮乏是其固有的缺陷，云计算可以为移动设备提供服务来弥补这些缺陷，但是网络传输速度受限于通信技术的发展，复杂网络环境中更存在链接和路由不稳定等问题，这些因素造成的时延过高、抖动过强、数据传输速度过慢等问题严重影响了云服务的响应能力。而边缘计算在用户附近提供服务，近距离服务保证了较低的网络延迟，简单的路由也减少了网络的抖动，千兆无线技术的普及为网络传输速度提供了保证，这些都使边缘服务比云服务具有更强的响应能力。

(3)保护隐私数据，提升数据安全性。物联网应用中数据的安全性一直是关键问题，调查显示约有78%的用户担心他们的物联网数据在未授权的情况下被第三方使用。云计算模式下所有的数据与应用都在数据中心，用户很难对数据的访问与使用进行细粒度的控制。而边缘计算则为关键性隐私数据的存储与使用提供了基础设施，将隐私数据的操作限制在防火墙内，提升数据的安全性。

边缘计算是一种新型的计算模式，从边缘计算的定义可以看出，边缘计算并不是为了取代云计算，而是对云计算的补充，为移动计算、物联网等提供更好的计算平台。与云计算模型不同的是，边缘计算中终端设备与云计算中心的请求与响应是双向的，终端设备不仅向云计算中心发出请求，同时也能够完成云计算中心下发的计算任务。云计算中心不再是数据生产者和消费者的唯一中继，由于终端设备兼顾了数据生产者和消费者的角色，部分服务可以直接在边缘完成响应，并返回终端设备，云计算中心和边缘分别形成了两个服务响应流[41]。

## 2.5.8　可信计算

可信计算是为解决如何从体系架构上建立恶意代码攻击免疫机制，实现计算系统平台安全、可信赖地运行的问题产生的，它通过建立一种特定的完整性度量机制，使计算平台运行时具备分辨可信程序代码与不可信程序代码的能力，从而对不可信的程序代码建立有效的防治方法和措施。国际标准化组织与国际电工委员会[(International Organization for Standardization，ISO)/(International Electrotechnical Committee，IEC)]将可信定义为[42]参与计算的组件、操作或过程在任意的条件下是可预测的，并能够抵御病毒和一定程度的物理干扰。

可信计算技术是在硬件安全模块支持下的可信计算平台，能够提高计算和通信系统整体的安全性，广泛地应用于安全主机、可信网络、数据存储和数字版权管理等方面。可信计算机具有卓越的安全性和良好的控制力，其发展迅速、应用广泛、在可信化技术上具有非常明显的优势。

(1)完整性好。可信计算技术能够在确保硬件配置、操作系统完整性的同时保证应用程序和服务的完整性，使系统平台资源非常完整，能够有效地防止病毒的入侵，并且能够对不同的恶意程序采取相应的处理手段，及时处理。

(2)真实性强。可信计算技术能够确定用户的唯一身份，用户身份的真实性能够得到保证，并且通过验证系统平台不同类型的证书，使平台的真实性和唯一性得到保证，其工作空间具有完整性。

(3)保密性好。系统通过密钥进行操作，确保了所存储信息的安全性和文件传输的机密性。

(4)控制性强。所有的输入和输出口都可以自行地打开和关闭，还通过对日志的有效管理，使系统的可控制性得到了增强。

可信计算的基本思想是首先在计算机系统中建立一个信任根，信任根的可信性由物理安全、技术安全与管理安全共同确保；然后建立一条信任链从信任根开始到硬件平台、操作系统，再到应用，逐级测量认证和信任，把信任扩展到整个计算机系统，确保整个计算机系统的可信。

可信计算产品主要用于安全风险控制，使发生安全事件时的损失降至最小；也可用于安全检测与应急响应，及时地发现攻击并采取相应措施，减少电子交易的风险，阻碍数字媒体的非法复制与传播等[43]。

## 2.5.9 自主计算与其他分布式计算的区别与联系

由于信息系统的规模越来越大，结构越来越复杂，增大了人工部署、管理和维护网络计算环境与应用系统的复杂性。例如，典型的大中型网络计算系统的建设成本与管理成本之比已达 1:3.6～1:18.5，而非计划停机造成的损失则高达 20～600 万美元/h。自主计算正是在上述背景下出现并发展起来的，希望由自主计算元素作为基本单元来构建网络基础结构和应用系统。自主元素以对人透明的方式封装复杂的管理活动，并能依据人类管理者给出的高级目标管理自己，以便将人类管理者从协调和控制计算元素及其互操作的细节中解脱出来，人只需对计算系统的行为进行宏观调控，人机协作将变得更加自然、亲和、便捷。自主计算的目的在于降低不断增长的软件系统复杂性，使得软件系统具有一定的自主能力，能够自主地发现、判断并解决所发生的问题，降低复杂 IT 系统的运行和维护成本。

自主计算与其他分布式计算的对比与分析如表 2-2 所示。

表 2-2　自主计算与其他分布式计算的对比与分析

| 特征 | 中间件技术 | 网格计算 | P2P 技术 | Web Service 技术 | 云计算 | 雾计算 | 边缘计算 | 可信计算 | 自主计算 |
|---|---|---|---|---|---|---|---|---|---|
| 资源 | 网络中获取数据或服务 | 互联网上的各种资源 | 若干互连协作的计算机资源 | 不同的软件应用之间 | 集中的计算资源 | 本地的计算资源 | 本地的计算资源 | 可信计算资源 | 全球范围内可用的计算资源 |
| 数据的处理位置 | 客户机服务器的操作系统之上 | 非集中控制的环境中，不同控制域内 | 网络中的所有节点 | Web Service 平台 | 数据中心 | 雾节点或网关 | 边缘设备 | 可信计算平台 | 具有计算能力的设备 |

续表

| 特征 | 中间件技术 | 网格计算 | P2P技术 | Web Service技术 | 云计算 | 雾计算 | 边缘计算 | 可信计算 | 自主计算 |
|---|---|---|---|---|---|---|---|---|---|
| 计算方式 | 独立计算 | 协作计算、互操作 | 协作计算 | 集中式 | 集中式 | 协作计算 | 独立/协作计算 | 独立计算 | 合作共享 |
| 服务规模 | 有限的网络信息服务 | 一定范围的网络上 | 一定范围内相互连接的各节点 | 可互操作的分布式应用程序之间 | 全球信息服务 | 有限的本地信息服务 | 有限的本地信息服务 | 一定范围的可信计算机系统 | 一定范围的网络上 |
| 网络感知 | 网络通信能力强 | 动态监视和管理网格资源 | 传输和应用逻辑被限制在端点上 | 传输和应用逻辑被限制在Web Service平台 | 传输和应用逻辑被限制在端点上 | 传输和应用逻辑被限制在端点上 | 传输和应用逻辑被限制在端点上 | 对于网络动态响应迅速有效 | 对于网络动态响应迅速有效 |
| 设备规模 | — | — | — | — | 可支持百亿数量级的设备 | 可支持1000万～1亿台的设备 | 可支持1000万～1亿台的设备 | — | — |
| 主要解决的问题 | 将在不同操作系统上开发的应用软件集成起来，整体协调工作 | 用跨管理区域资源的整合与共享，以提高分散和闲散资源的利用率，消除信息孤岛和资源孤岛 | 共享计算机资源和服务 | 在不同的软件应用之间提供了标准的交互方式，使原来各孤立的站点之间的信息能够相互通信、共享 | 各种应用系统能够根据需要来获取计算能力、存储空间和各种软件服务 | 降低了网络上核心节点需要传输的数据总量，同时也减少用户请求的响应时间 | 克服移动设备资源受限的缺陷，同时减少了需要传输到云端的数据量，缓解了网络带宽与数据中心的压力 | 安全风险控制，安全检测与应急响应，及时地发现攻击并采取相应措施 | 把担任各种功能的自主单元联合起来，形成合作的或协作的群体，实现系统的全局自适应 |

## 参 考 文 献

[1]　Kephart J, Chess D. The vision of autonomic computing[J]. Computer, 2003, 36(1): 41-50.

[2]　Kephart J O, Walsh W E. An artificial intelligence perspective on autonomic computing policies[C]. Proceedings of the 5th IEEE International Workshop on Policies for Distributed Systems and Networks, Yorktown Heights, 2004.

[3]　Kephart J O. Research challenges of autonomic computing [C]. Proceedings of the International Conference on Software Engineering, St. Louis, 2005: 15-22.

[4]　Bennani M N, Menascé D A. Dynamic server allocation for autonomic service centers in the presence of failures//Autonomic Computing [M]. Boca Raton: CRC Press, 2006: 353-367.

[5] Chen M, Zheng A, Lloyd J, et al. Failure diagnosis using decision trees [C]. Proceedings of the International Conference on Autonomic Computing, New York, 2004: 36-43.

[6] Kiciman E, Wang Y M. Discovering correctness constraints for self-management of system configuration [C]. Proceedings of the International Conference on Autonomic Computing, New York, 2004: 28-35.

[7] Littman M, Ravi N, Fenson E, et al. Reinforcement learning for autonomic network repair [C]. Proceedings of the International Conference on Autonomic Computing, New York, 2004: 284-285.

[8] Bohra A, Neamtiu I, Gallard P. Remote repair of operating system state using backdoors [C]. Proceedings of the International Conference on Autonomic Computing, New York, 2004: 256-263.

[9] Ranganathan A, Campbell R. Self-optimization of task execution in pervasive computing environments [C]. Proceedings of the International Conference on Autonomic Computing, Seattle, 2005: 333-334.

[10] Wildstrom J, Stone P, Witchel E, et al. Towards self-configuring hardware for distributed computer systems [C]. Proceedings of the 2nd International Conference on Autonomic Computing, Seattle, 2005: 241-249.

[11] Rutherford M J, Anderson K, Carzaniga A, et al. Reconfiguration in the enterprise JavaBean component model [C]. Proceedings of the IFIP/ACM Working Conference on Component Deployment, Berlin, 2002: 47-54.

[12] Srivastava B, Kambhampati S. The case for automated planning in autonomic computing [C]. Proceedings of the International Conference on Autonomic Computing, Seattle, 2005: 331-332.

[13] Brown A, Hellerstein J, Hogstrom M, et al. Benchmarking autonomic capabilities: Promises and pitfalls [C]. Proceedings of the 1st International Conference on Autonomic Computing, New York, 2004: 266-267.

[14] Sterritt R, Bustard D. Autonomic computing: A means of achieving dependability [C]. Proceedings of the 10th IEEE International Conference and Workshop on the Engineering of Computer-based Systems, Berlin, 2017: 247-251.

[15] Joshi K R, Hiltunen M, Sanders W H, et al. Automatic model-driven recovery in distributed systems [C]. Proceedings of the 24th IEEE Symposium on Reliable Distributed Systems, Orlando, 2005: 25-36.

[16] Staneva D, Atanasov E. Using Tcl mobile agents for monitoring distributed computations [C]. Proceedings of the International Conference on Computer Systems and Technologies E-Learning, Sofia, 2003: II.21.1-II.21.6

[17] Baldini A, Benso A, Prinetto P. A dependable autonomic computing environment for self-testing

of complex heterogeneous systems [J]. Electronic Notes in Theoretical Computer Science, 2005, 116(19): 45-57.

[18] Tichy M, Schilling D, Giese H. Design of self-managing dependable systems with UML and fault tolerance patterns [C]. Proceedings of the 1st ACM SIGSOFT Workshop on Self-Managed Systems, New York, 2004: 105-109.

[19] Dai Y S, Marshall T, Guan X H. Autonomic and dependable computing moving towards a model-driven approach [J]. Journal of Computer Science, 2006: 6(2): 496-504.

[20] Ganek A G, Corbi T A. The dawning of the autonomic computing era[J]. IBM Systems Journal, 2003, 42(1): 5-18.

[21] 金培弘. 分布式系统概念与设计[M]. 北京: 机械工业出版社, 2004.

[22] 葛澎. 分布式计算技术概述[J]. 微电子学与计算机, 2012, 29(5): 4.

[23] 周园春, 李淼. 中间件技术综述[J]. 计算机工程与应用, 2002, 38(15): 80-82.

[24] Foster I, Kesselman C. The Grid: Blueprint for a New Computing Infrastructure[M]. San Francisco: Morgan Kaufmann Publishers, 1998.

[25] Foster I. What is the grid? A three-point checklist[J]. Grid Today-Daily News and Information for the Global Grid Community, 2002, 1(6): 32-36.

[26] 赵念强, 鞠时光. 网格计算及网格体系结构研究综述[J]. 计算机工程与设计, 2006, 27(5): 4.

[27] 陈贵海, 李振华. 对等网络:结构、应用与设计[M]. 北京: 清华大学出版社, 2007.

[28] 周文莉, 吴晓非. P2P 技术综述[J]. 计算机工程与设计, 2006(1): 76-79.

[29] Serrano-Guerrero J, Olivas J A, Romero F P, et al. Sentiment analysis: A review and comparative analysis of Web services[J]. Information Sciences: An International Journal, 2015, 311: 18-38.

[30] Tsalgatidou A, Pilioura T. An overview of standards and related technology in Web services[J]. Distributed and Parallel Databases, 2002, 12(2/3): 135.

[31] Saad M. Fog computing and its role in the internet of things: Concept, security and privacy issues[J]. International Journal of Computer Applications, 2018, 180(32): 7-9.

[32] Bonomi F, Milito R, Zhu J, et al. Fog computing and its role in the internet of things[C]. IEEE International Conference on Cloud Computing Technology and Science, New York, 2012.

[33] Stojmenovic I. Fog computing: A cloud to the ground support for smart things and machine-to-machine networks[C]. IEEE 2014 Australasian Telecommunication Networks and Applications Conference, Southbank, 2014: 117-122.

[34] 胡沈奇. 基于雾计算的车联网系统业务时延性能研究[D]. 武汉: 华中科技大学, 2019.

[35] Fernando N, Loke W, Rahayu W. Mobile cloud computing: A survey[J]. Future Generation Computer Systems, 2013, 29(1): 84-106.

[36] 于金亮, 涂山山, 孟远. 移动雾计算中基于强化学习的伪装攻击检测算法[J]. 计算机工程, 2020, 46(1): 7.

[37] 何一川. 基于雾计算的安全协议研究[D]. 成都: 电子科技大学, 2019.

[38] Satyanarayanan M. The emergence of edge computing[J]. Computer, 2017, 50(1): 30-39.

[39] 施巍松, 孙辉, 曹杰, 等. 边缘计算:万物互联时代新型计算模型[J]. 计算机研究与发展, 2017, 54(5): 907-924.

[40] 赵梓铭, 刘芳, 蔡志平, 等. 边缘计算:平台、应用与挑战[J]. 计算机研究与发展, 2018, 55(2): 327-337.

[41] 李林哲, 周佩雷, 程鹏, 等. 边缘计算的架构、挑战与应用[J]. 大数据, 2019, 5(2): 6-19.

[42] Common Criteria Project Sponsoring Organisation. Common criteria for information technology security evaluation. ISO? IEC International Standard 15408 version 2.1[S]. Genevese: Common Criteria Project Sponsoring Organisation, 1999.

[43] 沈昌祥, 张焕国, 王怀民, 等. 可信计算的研究与发展[J]. 中国科学: 信息科学, 2010(2): 28.

# 第 3 章　遥感卫星地面系统自主特征的体现

## 3.1　地面系统业务流程

  遥感卫星地面系统是一个复杂系统，包含任务规划、数据接收、数据预处理、数据管理服务、数据质量评价、专题产品处理、应急保障等 7 个分系统，每个分系统实现一大类功能。例如，任务规划主要任务是监视卫星状态、制定卫星任务计划、其他系统设备与业务的指挥调度等。每个分系统又由多个子系统组成，各个子系统可独立地完成一个任务。例如，数据管理服务一般包括数据存档、数据可视化、产品数据服务、运维管理等。卫星地面系统多个分系统通过不同的组合协作，实现不同的、复杂的系统功能，保证卫星应用效能的发挥。

  近 20 年来，随着航天和航空遥感技术的飞速发展，各国每年发射的对地观测卫星的数量不断增加，对地观测卫星的空间分辨率、光谱分辨率、时间分辨率等不断提高，对遥感卫星地面系统全方位的需求急剧增加。单纯依靠硬件扩充的方式提高遥感卫星地面系统的性能来满足卫星技术的发展需求，其经济效能越来越低。从系统层面进行遥感地面系统改造，进一步挖掘现有硬件系统的能力，提高硬件系统的综合利用水平，是提高遥感地面系统性能有效的途径之一。遥感卫星地面系统的复杂性、各系统需求的动态性可以通过合理的系统优化与系统管理来提高系统综合性能。将遥感卫星地面系统看作一个自主计算系统，则遥感卫星地面系统包括的众多分系统及其子系统就是自主计算系统中的各个节点，通过自主计算方法对遥感卫星地面各种系统进行精细化管理，可以实现系统资源的动态精确规划及对各个分系统及其子系统的动态精准管理。

  一般情况下，如此复杂的应用系统基本都采用层次化的系统架构，层次化系统具有松散耦合的特性，可以有效地降低层与层间的依赖性，既可以良好地保证未来的可扩展，还可以保证功能的复用性，防止相同功能的重复开发。一般层次化的系统架构由数据层、业务层、表示层等组成，其中业务层又可以细分为服务层、组件层、应用层等。图 3-1 为传统地面系统结构示意图。

  传统地面系统结构通常采用自顶向下的设计方法。首先进行顶层结构设计，其次是进行分系统和子系统的功能设计，最后是由一系列组件来完成整个系统的应用需求。这种系统结构从功能上来说是可以满足系统业务需求的，但是从可扩展、可维护和灵活性等角度来看，还是有很大的提升空间。鉴于地面系统的复杂程度，系统设计的方向就是要尽量地灵活，通过将预先定义的小流程组合成大的业务功能，支持不同的业务流程能够高效地利用整个系统资源。具体来说，就是采用元模型进行整个系统的设计，选择合理的粒度来保证系统动态配合的可行性，进而实现动态支持多种业务流程的目的。

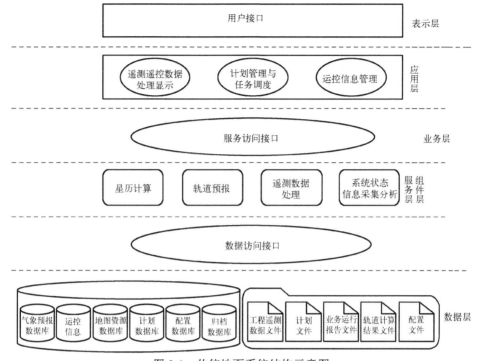

图 3-1　传统地面系统结构示意图

遥感卫星地面系统业务可以分为两个流程：一是上行流程。首先用户提出任务申请，任务经预处理形成元任务输入至任务规划系统。其次任务规划系统根据卫星、测控站、数据传输接收站等可用资源集合，以及待规划的元任务集合和卫星约束模型，进行优化求解并获得任务观测计划、测控计划、数据传输计划、地面站接收计划，并更新数据库相关信息。最后将任务观测计划和数据传输计划转化为卫星指令，发送至测控运管中心并上注卫星执行。二是下行流程。卫星执行观测任务后，按照数据传输计划将观测数据发送至地面接收站。下行数据经数据预处理、数据处理及数据质量评价后，通过数据库获取元任务信息，建立数据与任务的关联，并经数据分发系统发送回用户[1]。

传统地面系统中大的业务流程包括快视、预处理、后处理、存档、分发等几种。其中每一个具体的业务流程中，又根据数据来源不同、星上配置不同、任务模式不同或用户需求不同而有所区别。在这些流程中，通常需要根据具体的卫星、数据需求或业务过程而对业务组件进行工作流程调整。

随着遥感技术的发展，用户对遥感数据的应用逐步加深，现有的数据分发模式应用系统已经不能满足用户日益增长的业务应用需求。首先，在现有遥感应用系统模式下，用户需要对标准产品数据进行深加工处理后才能使用，而这些深加工基本上都是正射纠正、融合、镶嵌等共性处理和共性信息提取；其次，遥感是一项专业性比较强的技术，门槛比较高，对于普通大众用户，直接使用现有标准遥感数据产品无法获取其需要的信息。在此情况下，遥感地面系统未来应面向专业用户提供深加工数据处理与共性遥感信息提取数据，为遥感数据的分析研究提供便利；面向大众用户则直接提供由遥感数据提取的遥感信息服务。

在通用的遥感卫星运行管理流程中，主要包括针对系统常规模式的工作流程与针对系统应急模式的工作流程。两种工作流程之间存在很大区别。图 3-2 和图 3-3 分别描述了这两种工作模式下的系统工作流程。

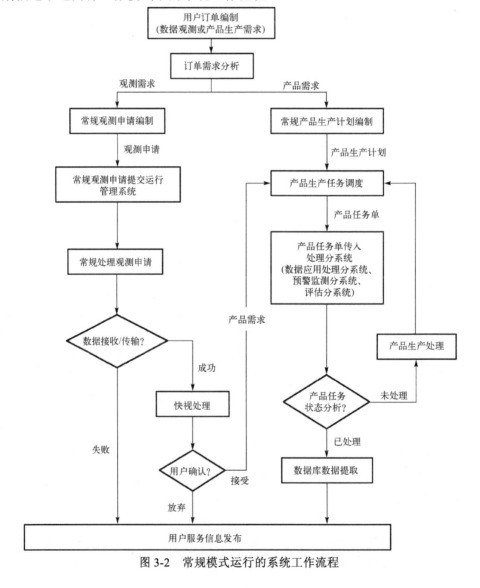

图 3-2　常规模式运行的系统工作流程

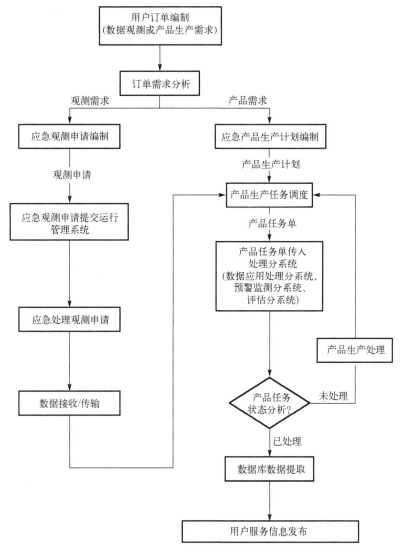

图 3-3　应急模式运行的系统工作流程

# 3.2　自主系统架构设计

## 3.2.1　自主计算系统的实现方法

　　自主系统不是人工智能系统，或者说只是通向人工智能过程中的一小步。人工智能系统的特征是系统可以模拟、延伸和扩展人的智能，而自主系统则是增强每一个计算成员的智能性,使它们能够自我管理。这种智能性是事先通过人类的知识固化到系统中的,使系统能够主动监测自身行为,以期实现系统的自我管理与优化。

本节将自主系统的基本工作机制用以下四个步骤进行描述。

(1)自我觉察/上下文觉察。

(2)基于策略的决策。

(3)目标导向的规划(可选)。

(4)动作/规划执行。

其中,上面第(2)个步骤可以根据策略的不同分为三种不同的决策过程:①动作选择;②目标生成;③优化/自适应控制。

在实际系统中,根据不同的应用场景和业务目标,在实现自主工作的过程中可以采取四种不同的自主工作机制:①1→2a→4;②1→2b→3→4;③1→2c→3→4;④1→2c→4。

在以上四种自主工作机制中,①和②基于知识模型,④基于数学模型,③是基于知识模型和数学模型的结合[2]。自主工作机制如图 3-4 所示。

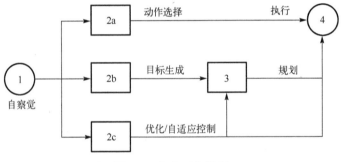

图 3-4　自主工作机制

目前,从知识模型的角度建立的自主计算系统主要基于以下技术:agent 技术、Web 服务技术和语义 Web 技术等。其中,agent 又称为智能体或智能代理,具有反应性、自治性和社会性等特点,能够感知环境、做出反应或通过慎思和规划来实现目标导向的行为。agent 技术已被广泛认为是支持大规模分布式信息系统实现动态服务集成和协同工作的关键技术之一。在 agent 技术的基础上,引入基于策略的管理方法,结合 Web 服务和语义 Web 技术,可以建立各种自主计算系统。

Web 服务是一种分布式计算方法,它通过标准的服务接口和协议规范等,支持异构环境中各类资源的动态绑定和互操作。利用 Web 服务的体系结构、接口和协议,通过适当的扩展,可以建立自主元素之间的协作关系。

在自主元素层面上,主要的扩展包括:①扩展现有 Web 服务的端点,使之具备可管理性,并且增加管理端点和相应的实现,以支持 Web 服务状态信息的获取及

Web 服务行为的控制；②在现有 Web 服务基础设施之上，增加一个自主管理层，用于实现自我觉察/上下文觉察、自主决策和动作执行。其中，用于决策的知识是动作策略，策略可以动态添加、删除或更新，因此可能引起策略冲突，需要引入适当的机制来进行冲突处理。

在系统层面上，多数系统采用了层次或混合体系结构，上层自主管理者起着全局协同的作用，通过工作流对下层自主管理者的行为进行动态编排。

自我觉察是指系统对周围环境及自身健康状况、业务流程的一种监测，利用自主系统中的感受器接收外界环境的变化刺激。自我觉察是系统自主特性和系统自主管理的基础。由自我觉察到的外界环境变化或内部变化，引发系统一系列动作，从而实现系统的自主管理。通常自主系统中受管理资源包括了软硬件两大部分，其中硬件系统包括系统的计算资源、存储资源、网络资源等，软件系统又包括系统软件与业务软件两部分。系统软件包括了操作系统、数据库、Web 服务等，业务软件指与具体的业务相关的软件或软件系统。

要实现系统的自我觉察，首先需要定义以下两种知识。

(1) 受管理资源模型 $M_R$：形式化地说明资源的标识、属性及约束。

(2) 状态判定知识 $K_D$：从传感器采集的数据，包括状态信息、出错信息等。

以系统内存空间为例，可以将其模型表示为五元组：

（M-ID，WholeSize，OccupiedSize，HasExceptionInfo，Constraints）

其中，M-ID 表示存储器的标识；WholeSize 表示该存储器的全部空间；OccupiedSize 表示存储器的已使用空间；HasExceptionInfo 表示是否有异常信息；Constraints 表示该属性的约束，如存储器的实际大小为 1GB。若定义存储器的状态空间 $S$ = {BUSY, NORMAL, EXCEPTION}，则从资源的当前状态映射到状态空间的过程可以表示为[2]

```
If (HasExceptionInfo == TRUE)
    Then (state = EXCEPTION)
Else If (OccupiedSize/WholeSize >= 80%)
    Then (state = BUSY)
Else (state = NORMAL)
```

若从感受器所获取的信息显示 OccupiedSize 为 600MB，同时 HasExceptionInfo 的状态为 FALSE，则根据上述映射关系，可以判定该存储器的状态为 NORMAL。

知识模型是运用人工智能或知识工程的方法和技术[如知识表达方法(产生式规则、语义网络等)、知识获取技术(人工移植、机器感知、机器学习等)等]建立的模型。通常采用知识库的方式进行知识的存储。知识库中包含了状态判定知识、策略知识和问题求解知识等。因此，当自主系统进行决策时，其依据就是知识库中预置的知识和基于这些知识的逻辑推理。当前以这种知识模型建立的自主计算系统大多采用 agent 技术，依靠其具有的社会性等特点来实现大规模、开放和分步的信息系统动态服务集成和协同工作。

采用知识模型方法的主要优势在于其能够进行逻辑推理，从而解决在没有直接知识的情况下的问题。这种方法适用于不需要依赖定量描述就能做出决策的业务领域。针对分布式计算系统中常用的系统计算资源、响应速度、吞吐量、CPU 利用率等状态判据，采用知识模型就不太合适，而采用控制论、运筹学等理论和方法所建立起来的数学模型可以在具备定量描述判据的情况下调整系统的状态，使得系统的功能、性能保持在期望的状态。其实现的方法有基于(自适应)控制理论的方法和基于效用函数的方法等。

表 3-1 为知识模型与数学模型的对比，知识模型能够支持自主系统的自配置、自修复和自保护功能，但无法支持自优化功能。这是因为自主单元的行为选择基于预先设定的策略知识，只能评估系统的状态并依此进行调整。然而，系统状态通常并非直接改变，而是由系统状态参数发生量的变化所决定的。在这种情况下，知识模型无法对系统的性能做出连续调整，无法使系统处于最优状态。而数学模型通过量化各种状态的指标，可以对系统参量的数值变化给予良好的反应，并以此为依据对系统进行调整，满足系统的最优化需求。但是，由于系统的问题判定、安全控制等均依赖于知识表达和逻辑推理，数学模型无法进行系统的自修复和自保护。这两种模型互有缺憾，因此可以采用两种模型相结合的方法来实现所有的系统自主特性。

表 3-1　知识模型与数学模型对比

| 模型 | 性能 | | | |
|---|---|---|---|---|
|  | 自配置 | 自优化 | 自修复 | 自保护 |
| 知识模型 | √ | × | √ | √ |
| 数学模型 | √ | √ | × | × |

在遥感数据处理系统中，若要使系统具有一定的自治特性，则需要解决以下两大问题。

一是根据用户的业务需求，如何规划系统工作流程，即使用哪些部件的协同工作可以满足业务需求。例如，在进行遥感数据处理时，用户的需求经常有所不同，同样地，当进行几何校正时，对图像数据的定位精度要求也可能有所不同，因此可以根据不同级别精度要求策略，调用不同精度的数字高程模型(digital elevation model，DEM)输入以缩短数据处理时间，提高计算资源的使用率。

二是在设定业务流程之后，如何在系统众多的服务中选取多个服务进行协同工作，以期达到系统资源的最大化利用。采用知识模型可以对系统的运行状况及进程进行定性分析和逻辑推理，但是当需要定量描述系统运行进程时，如在系统关注响应速度、CPU 负载、内存使用率等情况下，采用数学模型方法较为适用。运用控制论或运筹学理论和方法所建立的数学模型能够依据不断改变的资源与环境状态来自主地决定系统参数的调整，使得系统性能保持在期望的范围内。使用这些数学模型建立的自治系统主要包括基于(自适应)控制理论的自治系统和基于效用函数的自治系统等。在基于控制理论的自治管理方法中，通常把系统的性能问题看作反馈控制问题，即通过建立一个反馈控制系统来实现对系统性能的自治管理。基于效用函数的方法是指使用效用函数将实体的每一个可能状态(系统性能)映射为一个实数值，用于指示与系统性能(如反应时间、时延、吞吐量等)相对应的价值，以此作为对系统调整优化的基础。例如，当进行大图像重采样时，采用三次立方卷积法，根据处理系统节点的 CPU、内存等使用情况，只将任务发布给 CPU 使用率排在后 50%且排队任务数少于 5 个的运算服务器进行计算。

## 3.2.2 基于服务的系统组织形式

### 1. 松耦合与紧耦合

最初的分布式系统大多采用分布式对象的工作模式，通用对象请求代理体系结构(common object request broker architecture，CORBA)是其典型的示例，其内部对象可被外部系统远程访问和调用，系统可远程调用对象的属性、方法等，可以理解为每一次访问都是在调用远程函数。这类远程调用的接口粒度过细，以此方法构建的系统由于过多的依赖而不具备伸缩性。要使系统摆脱上述缺点，松耦合的分布式系统实现方式有其独到的优势。

在以传统的分布式对象实现的大型系统中，任何一个微小的错误都有可能中断整个业务过程。为了避免这种情况的发生，研发人员将目光集中在系统的自主特性上。从避免系统的业务流程中断角度，系统的自恢复特性需要着重考虑，系统能够监测到运行中的错误，并且在不妨碍系统正常工作的前提下自动修正错误，可以有效地提高系统的可用性。

满足这个目标的关键在于松耦合。松耦合的核心思想是最小化依赖，当分布式系统中各部分的依赖被最小化后，系统的改动和变动所造成的影响也被最小化了，使得即使部分系统失效或崩溃了，整个系统也能照常运转。另外，松耦合还使得系统具有良好的可伸缩性，在系统进行扩充或重配置时可以具有极大的灵活性。

对于大型分布式系统，要使得系统具有自配置、自恢复、自优化、自保护等自主特性，其基本要求是系统必须具有可伸缩性和容错性，使得对系统的任何改动、故障都能做到最小化地影响系统整体业务的运行。而在当前的技术条件下，要达到这一目标，松耦合是唯一的途径。

松耦合是一种设计原则，在设计整个系统时，引入何种松耦合及运用到何种程度，都取决于具体业务的特点。在考虑系统的松耦合问题时，有一些要点是公认需要关注的，如表 3-2 所示。

表 3-2　松耦合/紧耦合对比

| 项目 | 紧耦合 | 松耦合 |
| --- | --- | --- |
| 物理连接 | 点对点 | 通过中介 |
| 通信风格 | 同步 | 异步 |
| 数据模型 | 公共复杂模型 | 只有简单的公共类型 |
| 类型系统 | 强 | 弱 |
| 交互模式 | 通过复杂的对象树导航 | 以数据为中心、自足的消息 |
| 业务逻辑控制 | 集中控制 | 分布式控制 |
| 绑定方式 | 静态 | 动态 |
| 平台 | 强平台依赖性 | 平台无关 |
| 事务性 | 2PC（两阶段提交） | 补偿 |
| 部署 | 同时进行 | 非同时进行 |
| 版本划分 | 显式升级 | 隐式升级 |

**2. 一体化架构**

1998 年 Aoyama[3]在他的一篇关于新时代软件开发的文章中阐述了一体化架构，同时列出了该架构的风格和有关的开发步骤。然而 Aoyama 提出的传统的一体化架构近些年来在主流应用中已不常见，该领域的其他研究人员建议重新构建这种架构。例如，Mens 等[4,5]提出了将一体化架构转化为客户端-服务器或者三层模型架构，即分割用户界面（user interface，UI）、业务逻辑和数据层。使用这种一体化架构，用户界面与业务逻辑和数据层的代码可以混合，这并不意味着必须把代码混合在一起，而是架构设计允许把它们混合为一个单元。

目前一个归档包（如 war 格式或者 jar 格式）包含了应用所有功能的应用程序，本书称为一体化应用。整体软件的各个组件是相互连接和相互依赖的，这有助于软件自成体系。该架构适用于构建应用程序的传统解决方案，虽然在主流应用中不常见，但是本节认为在某些情况下一体化架构是一个完美的解决方案。

图 3-5 为一体化参考架构图。

**3. SOA 架构**

自从有了软件开始，软件及系统的复杂性就是人们关注的重点。结构化编程、面向对象编程、组件式编程等是在编程范式上的进步，客户机/服务器架构、三层架构是系统结构上的进步，面向服务的体系结构（SOA）思想是当前解决系统复杂性的新尝试。

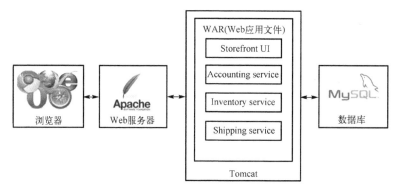

图 3-5　一体化参考架构图

2008 年 Bell 在文献[6]中对 SOA 架构做了定义。

SOA 是一个组件模型，该模型通过定义明确的接口和协议将应用程序的不同功能单元(称为服务)相互关联起来。这些接口的定义是中立的，与服务的硬件平台、操作系统和编程语言无关。这使得不同系统中的服务能够以一种一致和通用的方式进行互操作。从上面的定义可以看出，该体系结构的思想是将不同的业务功能单元采用定义服务的方式有机地组织起来，其重点在于设计独立于平台、操作系统、编程语言的接口，通过接口间的数据与信息流转，最终实现整个分布式系统的业务目标。

SOA 是一种使系统能在增长的同时保持可扩展性和灵活性的方法，其目的是实现和维护大型分布式系统的业务流程。实现 SOA 架构的三个基本技术概念如下所示。

(1)服务。服务是系统中基本业务功能的体现，同时也是支持系统协作运行功能的体现。

(2)企业服务总线/高互操作性。企业服务总线是分布式系统和服务之间高互操作性的体现。

(3)松耦合。减少系统各部分之间的相互依赖，将系统修改或故障时对业务的影响最小化。

要实现面向服务的软件架构，必须要做的准备工作如下所示。

(1)服务自描述。服务对自身向外所提供的接口进行描述，也对所提供的服务功能进行描述。服务消费者从服务的描述信息即可理解如何使用服务，使得服务之间具备更好的松耦合性，也使得服务在可重用性上大大提升。

(2)服务粒度设定。在服务满足系统业务流程的同时，需要对服务的粒度进行封装。若粒度过细，则系统过于复杂，不利于系统的维护与可操作性；若粒度过粗，则系统的灵活性受到影响，无法适应灵活的业务流程变化与重组。

(3)标准支持。系统内部应遵从于统一的技术标准，以确保系统建设、系统扩充和系统整合建立在统一的基础之上。

图 3-6 为 SOA 技术参考架构图。

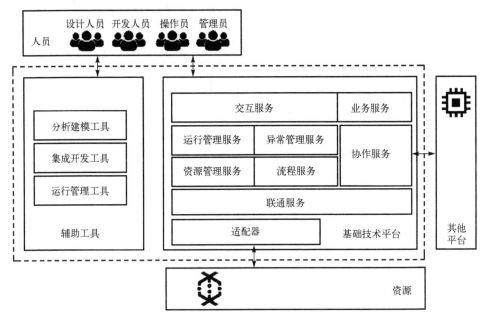

图 3-6　SOA 技术参考架构图

　　软件开发从面向过程发展到面向对象，面向对象的开发方式已经发展多年并日趋成熟。SOA 架构中吸取了面向对象的开发思想，同时也扩展了面向服务的概念。从 SOA 的基本特征来说，服务被视为业务的抽象，它们将实现的细节对服务的使用者进行隐藏。通过以服务为基础构建系统，可以实现通过组合服务来快速创建新的业务应用的能力。SOA 架构在技术上可以满足自主计算的需要，主要体现在以下几方面。

　　(1)基于标准访问的独立功能实体满足系统松耦合要求。松耦合是实现系统自主特性的关键，只有实现松耦合才能在系统遇到不同需求或出现异常时动态、灵活地进行调整，达到自我管理的目标。

　　(2)适合大数据量低频度访问服务粗粒度功能。在遥感卫星地面系统中，大量的数据处理与图像处理需求使得系统长期处于资源高利用率的状态，而大数据处理的特点使得单个处理服务的计算时间相对较长，与事务处理型系统相比，更关注的是大数据量处理的效率，而不是频繁并发访问的效率。采用 SOA 架构尤其适合粗粒度应用功能的实现。

　　(3)基于标准的文本消息传递为异构系统提供通信机制。SOA 架构中，所有的通信都是通过 SOAP 协议实现的，而 SOAP 协议是构建于结构化文本 XML 之上的，这使得系统中消息的传递天然具备跨平台的异构能力。

　　当然，SOA 架构是一种实现思想，并不一定要使用 Web 服务或 SOAP 协议等。

SOA 强调的是实现业务逻辑的敏捷性和灵活性，是从业务应用的角度对信息系统实现和应用的抽象。

### 4. MSA 架构

早在 2005 年，罗杰斯(Rodgers)[7]在 Web Services Edge 会议上的演讲中就引入了微型 Web 服务一词。刘易斯(Lewis)等[8]于 2012 年 3 月在克拉科夫(Kraków)的微服务——Java、UNIX 之路和乔治(George)的案例研究中提出了一些想法，作为第 33 个案例。Netflix 的云系统前总监 Cockcroft[9]描述了细粒度的 SOA，并在网络规模上首创了微服务风格。

微服务(microservice architecture，MSA)是一些从业者提出的相对较新的方法，他们寻求一种比传统 SOA 所能提供的更加民主的架构风格。

图 3-7 为 MSA 技术参考架构图。

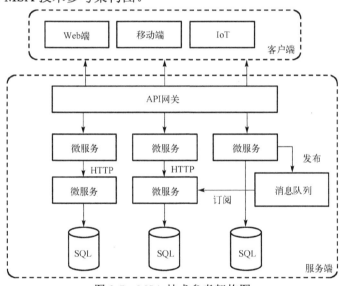

图 3-7　MSA 技术参考架构图

将 MSA 微服务与 SOA 进行比较时，它们都使用服务作为主要组件，但是它们在服务特征方面差异很大。MSA 微服务和 SOA 之间的主要区别如下所示。

(1)服务粒度：微服务体系结构中的服务组件通常是单用途的服务，可以真正、有效地完成一件事情。借助 SOA，服务组件的范围可以从小型应用程序服务到大型企业服务。实际上，在 SOA 中以大型产品甚至子系统为代表的服务组件是很常见的。

(2)组件共享：组件共享是 SOA 的核心宗旨之一。实际上，组件共享就是企业服务的全部内容。SOA 增强了组件共享，而 MSA 则尝试通过有界上下文实现最小化共享。有界上下文是指将组件及其数据作为具有最小依赖性的单个单元来耦合。由于 SOA 依靠多种服务来满足业务请求，因此基于 SOA 构建的系统可能会比 MSA 慢。

（3）中间件与 API 层：微服务架构模式通常具有 API 层，而 SOA 具有消息传递中间件组件。SOA 中的消息传递中间件提供了 MSA 中未提供的许多其他功能，包括中介、路由、消息增强、消息和协议转换。MSA 在服务和服务使用者之间有一个 API 层。

（4）远程服务：SOA 体系结构依赖于消息传递[高级消息队列协议（advanced message queuing protocol，AMQP）、微软消息队列（Microsoft message queuing，MSMQ）]和 SOAP，并将其作为主要的远程访问协议。大多数 MSA 依赖于描述性状态迁移（representational state transfer，REST）和简单消息传递[Java 消息服务（Java message service，JMS）、MSMQ]这两种协议，并且 MSA 中的协议通常是同构的。

（5）异构互操作性：SOA 通过其消息传递中间件组件促进多种异构协议的传播，MSA 尝试通过减少集成选择的数量来简化体系结构模式。如果要在异构环境中使用不同协议集成多个系统，那么需要考虑 SOA。如果可以通过相同的远程访问协议公开和访问所有服务，那么 MSA 是更好的选择。

### 3.2.3　基于规则的系统自主运行策略

具有自主特性的遥感数据处理系统的设计必须要对整个系统的自主运行策略进行顶层设计考虑。通过抽象系统的运行需求，根据已有的自主单元所提供的服务，动态配置系统运行流程，进行系统的自动调整，以实现系统的业务功能，并且当系统的业务功能与需求发生变化时，软件能够根据需求做出相应的变化。另外，对系统运行过程中的容错性、安全性也需要进行通盘考虑。

在自主系统中，自主策略主要由系统所预置的业务规则来体现。业务规则是一系列操作要求的集合，它们定义了业务流程中必须遵守的条件和制约因素，这些规则确保业务活动按照既定的标准和规范进行。Newell 等[10]证明了大部分人类问题的求解或认知可用 IF...THEN...类型的产生式规则来表达，因此在本书所设计的自主系统中，也使用该类规则来表达系统的自主特性。另外，一个必要元素是认知处理机/推理机，其功能是发现适当可用的规则。由于规则被激活的基本条件是只有与输入相匹配的规则才会被激活，如果很多规则同时被激活，那么需要认知处理机进行冲突处理，以决定应该激活哪个规则。

业务规则可以按照多种方式进行分类，通常情况下可以分为约束规则和推导规则，规则分类树状图如图 3-8 所示。

约束规则规定了限制对象结果的行为策略和条件，具体可以分为激励和响应规则、操作约束规则和结构约束规则等三种类型。

（1）激励和响应规则是指对某一行为进行约束限制，实现这种约束限制的方法是通过指定系统应该何时触发该行为，或者是否在满足某些必要条件的情况下才对这种规则进行触发或响应。

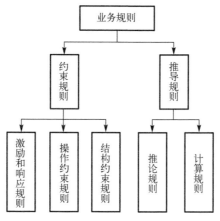

图 3-8 规则分类树状图

(2)操作约束规则是指系统在操作前和操作后所必须满足的约束限制,以使这些操作能够按照系统事先定义好的顺序来正确地执行。

(3)结构约束规则是指类和对象及它们之间关系中不能违背的约束限制。

在遥感地面系统中,激励和响应规则可能包括:卫星过境触发数据接收与执行上注任务、定时触发卫星任务规划流程。操作约束规则可能包括:根据卫星控制指令的类型确定卫星执行的动作与执行顺序,根据遥感数据类型确定数据产品的生产流程。结构约束规则可能包括:只有在建立了星地通信链路的情况下才可以开始数据传输任务,只有安装了 Ka 波段终端的卫星才可以使用 Ka 链路传输数据。

推导规则是指由某些已知事实信息经过计算和推理后得到其他事实信息,推导规则可以分为推论规则和计算规则两种类型:

(1)推论规则规定了如果某些事实为真时,可以推出一个规则中所指定的结论;

(2)计算规则通过处理一些预定义的运算法则来得出相应的结果。

在遥感地面系统中,推论规则可能包括:根据航天器轨迹与地面站位置判断可否建立星地通信链路,根据任务优先级确定哪些任务优先被规划。计算规则可能包括:根据卫星任务规划算法确定某一卫星资源使用申请是否执行,根据数据处理任务调度算法来制定数据处理采用的计算服务器。

业务规则一般具有非固化性、逻辑性、非过程性、事件触发性和非技术性。非固化性是由于业务规则和策略经常可能发生变化,为了提高应用系统的可维护性,降低系统升级所需要的成本,必须将业务规则从程序代码中提炼出来。逻辑性是指业务规则应该由前提条件和执行动作两部分共同组成,其中前提条件是指对业务数据作用的判定集合,执行动作是指对业务数据的处理操作集合。非过程性是为了简化执行操作的过程,将复杂的业务逻辑分为若干个执行单元进行协同处理操作。事件触发性是指只有当相应的条件被引擎触发时,对应规则的执行单元才会被激活。

非技术性是指业务规则应当简单易懂，可以由非技术人员编写。

在具有自主特征的遥感地面系统中，业务范围宽泛，任务环节多，从任务规划、数据传输、数据处理、数据应用到数据协同共享，各个环节均存在约束条件与规则推导环节。因此需要采用规则推理技术实现各业务环节的自主运行策略。

1. 规则

规则是指关联已知的确定信息和待推导或待推测的其他未知信息的知识结构。规则一般采用 IF...THEN...的形式进行描述，由 IF 引导的一个或多个前提，推论出由 THEN 所引导的结论。规则中 IF 和 THEN 之间的部分有许多种不同的叫法，如前件(antecedent)、条件部分、模式部分、左部(left-hand-side，LHS)等，是规则被触发的前提条件。THEN 后面的部分可称为后件(consequent)，又称为右部(right-hand-side，RHS)，是规则被触发后将要执行的一系列行为。

规则可以表达为以下几种形式的知识。

(1)关系。

> IF 电池坏了
> THEN 不能开动汽车

(2)推荐。

> IF 不能开动汽车
> THEN 搭出租车

(3)指示。

> IF 不能开动汽车 AND 燃料系统是好的
> THEN 检查电子系统

(4)策略。

> IF 不能开动汽车
> THEN 首先检查燃料系统，然后检查电子系统

(5)启发。

> IF 不能开动汽车 AND 汽车是老爷车
> THEN 进行清洗

下面给出一个真实的规则实例(用来配置 DEC VAX 计算机系统的 XCON/R1 系统)：

> IF
> 当前环境是分配设备给总线组件，并且

　　有一个未分配的双端口磁盘驱动器，并且
　　所需控制器的类别是知道的，并且
　　每个控制器没有任何设备分配给它，并且
　　这些控制器能够支持的设备数目已知
　　THEN
　　分配磁盘驱动器给每一个控制器，并且
　　记下相关的控制器对，其中每一个控制器支持一个驱动器

由以上示例规则可以看出，对于计算机系统可以识别和处理的信息，系统的处理应对可由信息本身或周围状态来进行判定，并且在给定先验知识的情况下，完全可由系统自行决定所应进行的操作。例如，系统对遥感数据的处理流程，完全可以由以下的规则来进行组织。

　　IF 处理对象为原始数据
　　THEN 进行数据分幅处理
　　IF 处理对象为 LANDSAT 卫星原始数据
　　THEN 按照 WRS 分幅算法进行数据分幅处理

**2. 规则引擎**

规则引擎是一种嵌入在应用程序中的组件，用于实现将业务决策从应用程序代码中分离出来，并使用预定义的语义模块来编写业务决策，接受数据输入，解释业务规则，以及根据业务规则做出业务决策。

规则引擎必须至少包括以下几部分功能。

(1)加载和卸载规则集。

通过对规则集的卸载与加载工作，实现系统业务逻辑规则的动态更新。

(2)数据操作。

规则引擎的输入是通过被提交数据对象集合实现的，规则引擎对其进行判断。

(3)引擎执行。

引擎在进行判断后将进行相应动作的执行。

根据以上规则引擎的功能需求，通常规则引擎由三部分组成。

(1)规则库(rule base/knowledge base)。

存储静态的业务逻辑相关规则，也可以在系统运行过程中进行动态更新。

(2)事实库(working memory/fact base)。

存放系统当前所有状态信息，用于进行规则匹配。

(3)推理引擎(inference engine)。

根据事实库的内容在规则库中进行匹配，判定哪些规则需要被激活，如果有多个规则被激活，那么根据一定的算法进行冲突的检测与排除，直至无冲突规则存在。推理引擎有前向推理/演绎法和逆向推理/归纳法。

规则引擎架构图如图 3-9 所示。

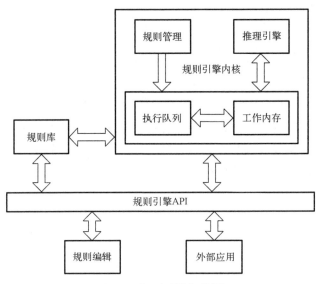

图 3-9　规则引擎架构图

规则引擎的工作步骤/推理步骤如下。

（1）获取初始输入数据。

（2）将输入数据与规则库中的规则数据进行比较。

（3）选取符合规则的数据，若有多个规则同时被激活，则将冲突的规则放入冲突集合。

（4）解决冲突，将激活的规则按顺序放入执行序列。

（5）执行序列中的规则，重复执行步骤（2）～（5），直到执行完毕序列中的所有规则。

需要注意的是，当引擎执行时，第（5）步是按照优先顺序依次执行序列中的规则，当执行规则时，将有可能改变初始的输入数据，从而使得序列中的某些规则可能因条件的改变而失效，需从序列中清除。也有可能会因输入条件的改变而激活新的规则，需更新执行的规则序列。

随着规则库中规则条数的增加，在推理过程中用于进行规则匹配的时间将随之增加。据统计，匹配阶段所耗费的时间要占整个生产式系统运行时间的 90% 以上，是系统运行的瓶颈。规则条件匹配的效率决定了引擎的性能，引擎需要迅速地测试工作区中的数据对象，从加载的规则集中发现符合条件的规则，生成规则执行实例。1974 年美国卡内基·梅隆大学的 Forgy[11] 提出了 Rete 算法，并进行了后续完善和优化，很好地解决了这方面的问题。目前世界顶尖的商用业务规则引擎产品基本上都使用 Rete 算法或其变形、改进的算法。本节对 Rete 算法进行了介绍，在本书第 5 章的研发实例中，应用到了 Rete 算法，并对 Rete 算法进行了优化与改进。

### 3. 知识存储

在自主系统中，其自主策略主要是由系统所预置的规则来体现的。规则是知识的一种，是建立在事实、概念之上的一种知识层次。

通常认为，知识的层次有事实、概念、规则、启发式知识。事实是知识的底层，是对象、符号和事件之间的各种关系，事实可用语句、链表、二维表、树图、框图和文本等数据结构表示。概念与事实相比具有更多的细节，概念通常是具有共同属性的一组对象、事件或符号的知识。概念具有层次结构，高层概念由一组低层概念组成，低层概念可以继承高层概念的共同特征。规则是知识的第三层，规则是一组操作和步骤，被用于完成某一目标、解决某一问题或产生某种结果。规则通常被定义为 IF...THEN...的语句形式，是一种形式化的知识表示方法。启发式知识是知识的最高层，是关于规则的知识。在问题求解中，可以利用启发式知识直接得到求解问题的捷径。因此，启发式知识是本节所具有的事实、概念和规则的综合。知识层次的结构如表 3-3 所示。

表 3-3　知识层次的结构

| | |
|---|---|
| 知识层次-第四层 | 启发式 |
| 知识层次-第三层 | 规则 |
| 知识层次-第二层 | 概念 |
| 知识层次-第一层 | 事实 |

在本节的自主系统设计中，系统的自主性或者说系统自行决定所做的动作，主要由事先预置的规则来确定，因此在系统中，规则库的建立和使用是系统达到自主运行的基础。

知识有多种表示方式，自然语言是知识表示的最直接、最常用的表示方式，但由于自然语言的二义性和缺少一致性，其在计算机表示和机器理解中尤其困难。因此，当前的知识存储与表示通常都采用形式化的表示方式。

形式化的表示方法通常有以下几类。

(1)基于逻辑的知识表示。

逻辑具有严格的形式化和坚实的数学理论基础，是计算机科学最早采用的知识表示方法，最常用的有命题逻辑和一阶谓词逻辑。

(2)基于关系的知识表示。

关系方法也具有严密的数学基础，特别适用于表示简单事实和陈述性知识。

(3)面向对象的知识表示。

把整个世界表示为一个最复杂的对象，由各种简单的最基本元对象组成。

(4)基于规则的知识表示。

使用 IF...THEN...的形式表示知识，是目前应用最为广泛的知识表示方法之一。

(5)语义网络。

是用有向图表示领域知识的一种技术，最早用于自然语言理解领域的研究，现在已经发展为一般的知识表示方式。

(6)基于模型的知识表示。

认为知识库是外部世界特定领域的一个模型，在该模型中，领域世界的结构和功能表示为一组事实、事实间的相互联系和彼此间的相互因果关系。

(7)基于本体的知识表示。

是近年来研究热点之一，其重要性在于知识的可重用性和共享性上。

知识库是合理组织的关于某一特定领域的陈述型知识和过程型知识的集合，其与传统数据库的区别在于它不但包含了大量的简单事实，而且还包含了规则和过程型知识。

在自主计算系统中，采用基于规则的方式存储领域知识。基于规则或称产生式规则的知识表示方法是目前应用最为广泛的方法之一。产生式规则的基本结构包括前提和结论两部分，前提(IF 部分)描述了一种状态，结论(THEN 部分)描述了在该状态存在时应采取的某些动作。

知识图谱是通过不同知识的关联性形成的一个网状的知识结构，其数据包含实体、属性、关系等。知识图谱的构建目前主要有两种模式：一种是自底向上(bottom-up)的方法，利用知识抽取技术自动得到数据层，再由数据层抽象出模式层，适用于没有完整知识体系的数据，通用知识图谱的构建多采用该模式；另一种是自顶向下(top-down)的方法，先构建模式层，再利用知识抽取技术对模式层进行数据填充得到数据层，适用于知识体系完备的数据，领域知识图谱的构建多采用该模式。对地观测领域开源软件供应链知识图谱属于领域知识图谱，主要采用自顶向下模式进行构建，知识图谱的构建框架如图 3-10 所示。

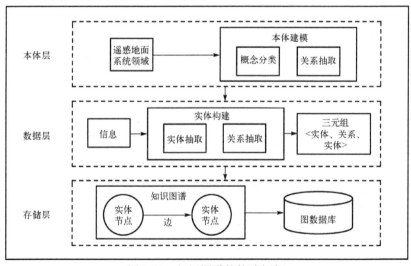

图 3-10　知识图谱的构建框架

（1）本体层。

选取对地观测领域典型开源软件和开源算法库，分析与提取对地观测领域知识中涉及的概念和关系，设计具有层次性、模块性和可扩展性的本体库。

（2）数据层。

分析开源软件之间的引用依赖关系，提取开源软件的开发人员信息、地理位置信息、开源协议等数据信息，输出三元组用于填充知识图谱的数据层。

（3）存储层。

将实体与关系三元组数据导入图数据库中，完成知识的结构化存储，实现对地观测领域开源软件知识图谱可视化展示。

知识图谱数据的存储一般是采用图数据库（graph databases）。Neo4j 是其中最为常见的图数据库。图数据库与底层的知识存储方式有关，Neo4j 底层会以图的方式把用户定义的节点及关系存储起来，通过这种方式，可以高效地从某个节点开始，通过节点与节点间关系，找出两个节点间的联系，即属性图模型（property graph model），如图 3-11 所示。

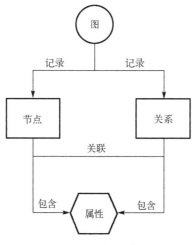

图 3-11　属性图模型

节点：通常用于表示实体。最简单的图是单个节点。

标签：用于通过将节点分组为集合来塑造域，其中所有节点都具有特定标签且属于同一组。一个节点可以有零到多个标签。

关系：连接两个节点。关系将节点组织到结构中，使图形类似于列表、树、地图或复合实体，其中任何一个都可以组合成更复杂、更紧密相连的结构。

属性：是用于向节点和关系添加质量的名称-值对。

一个图是由节点和关系构成的，节点和关系都可以包含属性。一个关系连接两个节点，必须有一个开始节点和结束节点。因此 Neo4j 主要可以处理具有深度相关联的数据，尤其是关系呈几何性增长的情况。

4. Rete 算法

通常遥感地面系统中，业务逻辑复杂，系统运行约束条件多。在规则多的情况下，规则引擎面临模式匹配效率低的问题，如果采用一般的匹配操作思路，将每个事实数据与每一个规则进行匹配，那么匹配过程中的时间消耗会随着规则和事实的增加呈指数级别的增长[12]。怎样提高规则与事实的匹配效率，成为规则引擎系统面临的首要难题，在这样的应用背景需求下，各种高性能的模式匹配算法应运而生，目前应用最为广泛的有 Rete、Treat 和 Leap 等，表 3-4 为模式匹配算法的对比。

表 3-4　模式匹配算法的对比

| 算法 | 内存利用率 | 节点共享 | Delete 执行效率 | Add 执行效率 | 综合效率 |
|------|-----------|---------|----------------|-------------|---------|
| Rete | 高 | 是 | 低 | 低 | 高 |
| Treat | 低 | 否 | 高 | 低 | 低 |
| Leap | 低 | 是 | 低 | 高 | 低 |

从对比结果来说，三个算法在以上几个方面各有所长，单从节点的 Delete 执行效率和 Add 执行效率来看三者性能不相上下，由于 Rete 算法在匹配过程中实现了状态保存机制，避免了相同事实与规则的重复匹配，以内存空间换取匹配时间效率的提高，随着存储硬件的不断发展，这种交换变得更加合理。Rete 算法的高内存利用率和快速规则匹配速度使得其被广泛应用，也更适用于遥感地面系统。

Rete 算法核心思想是将规则库构建成推理网的形式，以树搜索的思想优化事实与规则的匹配过程，以达到显著地降低计算量的效果，并且 Rete 算法利用推理引擎的时间冗余性和产生式规则结构相似性的特点，在推理网的构建中实现状态保存机制和节点共享机制，极大地提高系统模式匹配的效率。图 3-12 是推理网的一般结构。

(1)根节点：它是所有对象进入该网络的入口。

(2)类型节点：对象从根节点进入该节点，进行节点类型的判断，只有类型匹配成功的对象才能进入下一个节点。

(3)单输入节点：用来对单一的对象进行条件判断，对应着规则中的逻辑判断。当规则有多个逻辑判断时，对应的单输入节点会连接在一起。对象在满足当前单输入节点对应的逻辑判断后才能进入下一个单输入节点。

(4)单输入缓存：Rete 算法采用空间换时间的策略，将中间的计算结果缓存下来。

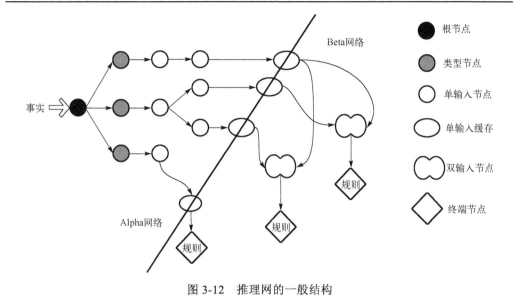

图 3-12　推理网的一般结构

（5）双输入节点：用来进行两个对象间的条件判断，这两个对象可以是同类型的也可以是不同类型的。左侧为操作节点 Join Node，右侧为非节点 Not Node，根据右边输入对左边输入的对象进行过滤。

（6）终端节点：用来表示规则匹配了所有的条件，即这个规则有一个完整匹配。

其中，状态保存机制是 Rete 推理网中的单输入节点会将与之匹配成功的数据对象记录在它的内存中。当推理引擎再次运行时，由于状态没发生变化的数据对象的匹配结果存储在单输入节点的内存中，无须进行再次匹配，只需对新增的事实进行规则的匹配操作，避免了大量的重复计算。节点共享机制是产生式规则中不同规则之间含有相同的匹配条件，这些相同的匹配条件在 Rete 推理网中可以共享同一个节点。节点共享实现了 Rete 推理网中节点数量的压缩，优化了节点遍历的过程。

## 3.3　软件通信机制设计

### 3.3.1　松耦合系统的异步通信

在自主计算系统中，要实现系统的整体协作，又要在个体出现异常后不影响其他部分及业务，必然需要采用松耦合的形式。松耦合的典型实现方法就是异步通信，也就是消息的发送者和接收者并不同步，消息的发送者发送自己的需求后等待消息的接收者回复，在等待的同时还可以继续自己的工作。比较典型的场景是消息的发送者在发送消息时，消息的接收者可能不在线，但消息本身不会丢失。当消息的接收者再次上线时，消息被送达，消息接收者处理消息。同样的道理，在消息接收者处理完之后，向消息的发送者反馈时，消息的发送者也可以不在线。图 3-13 是同步通信示意图，要求接收端时钟频率和发送端时钟频率一致，发送端发送连续的比特流。

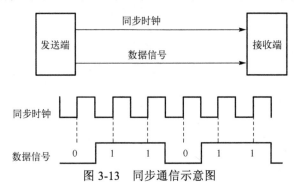

图 3-13　同步通信示意图

当然，采用异步通信也会带来相应的问题。由于消息的发送者在发送消息后并不一定能马上得到答复，并且也不知道什么时候能得到答复，甚至根本不会得到答复。在发送消息后，为了不阻塞业务的进程，消息的发送者会继续处理其他的业务。当答复到来时，发送消息时的业务上下文已经被改变了，这意味着必须使用适当的方法将答复和最初的请求关联起来。而且处理这些答复时需要请求发出时的初始状态和上下文环境，给系统带来了额外的处理工作量。

当系统业务繁忙时，大量的异步消息被发出，但各个消息的接收者状态不同，其返回的应答顺序可能不同于消息发出的顺序，而且有些消息可能无法获得应答，这给系统的开发、调试、测试都将带来很大的困难。

总而言之，系统间通信采用异步方式的优势是交换信息的系统不用同时在线，需要应答时即使应答时延很长也不会阻塞发送端的应用。但是其弊端在于业务处理的逻辑要变得更加复杂。

### 3.3.2　基础通信模式

遥感数据处理系统作为分布式计算系统的一种典型应用，其内部通信机制是构成分布式软件系统间互操作和协同工作的重要基础。通过建立系统内部的通信标准，进行通信机制的设计，促进通信接口和软件业务实现分离，为系统实现自主运行打下基础。

在分布式系统中，系统间交换数据有各种不同的方法，其相互传递信息的数据块称为消息。

1. *请求/应答*

请求/应答是分布式系统中最基本的消息模式。在这种模式下，消费者向提供者发出一个请求消息，等待提供者发出应答消息，该应答消息包含了被请求的数据和/或请求被成功处理的确认。请求/应答基本模式如图 3-14 所示。

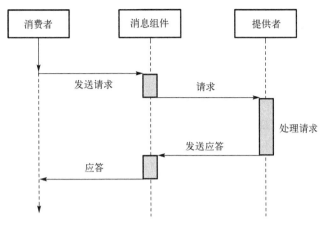

图 3-14  请求/应答基本模式

从消费者的角度来看，这种服务的提供方式类似于远程过程调用（remote procedure call，RPC），直到收到应答之前，消费者都处于等待状态，直到收到提供者对于处理结果的应答之后，消费者才能继续其业务。采用这种模式进行消息交换，最大优点在于其实现很简单，处理一个服务的调用和处理本地函数或过程调用一样，当需要某些信息时，发出请求，直到获得问题被解决的应答后再继续。当然，这种模式的缺点也在于等待的过程，当消费者处于等待应答的状态时，无法处理其他的业务。

2. 单程消息

当消费者并不需要应答时，过程更加简单，仅仅发送消息而已。单程消息模式图如图 3-15 所示。

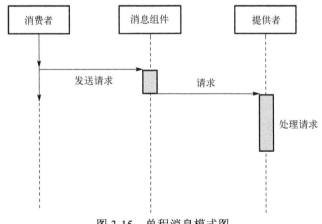

图 3-15  单程消息模式图

底层通信服务是系统各设备、各应用之间协作的基础。本书定义底层通信服务仅提供消息类的数据传输服务，即不涉及大数据量传输的功能。在遥感卫星地面系统运行的过程中，底层通信服务只提供各应用之间的消息传递，不传递大数据量的遥感图像数据。

在分布式系统中，消息的传递通常有直接通信与间接通信两种类型。直接通信需要进程自行维护所需通信的设备与应用列表，而间接通信方式以某个服务程序为中介进行信息的交换。间接通信的一个典型实例是 Web Service 技术，适用于广域网，采用 SOAP 协议，基于 HTTP，性能不好，在系统只考虑一个内部子网的情况下，采用 Web Service 不能充分地发挥一个子网的通信优势，因此，使用直接通信的方式是合适的。在本书所考虑的网络环境中，由于运行具体业务应用的设备与设备之间均具备物理通路，因此先天具备直接通信的可能性，从这个角度来说，类似完全 P2P 结构的直接通信机制是直接且有效的。考虑到底层通信的自主主要表现为对出错的觉察和新机器的自动融入，以及需要保存所有消息以供数据分析使用，那么一种 P2P 和 C/S 的混合式模型将能有效地保证系统的自主特性实现。

### 3.3.3　自主通信需求

根据系统对底层通信模块的业务需求，以及本书所设计的具有自主特性的系统特点，可以将对底层通信模块的需求归纳为以下几点。

(1)消息发送。

消息需要从源发送到指定的目的地,消息的内容通常用字符串或二进制代码来表示。

(2)消息安全。

消息需要被安全地从源发送到指定的目的地，这包括不会被发送到非指定目的地，也包括消息必须被完整地、与原始状态一致地发送到指定目的地。

(3)节点自发现。

节点在启动进程后或者被从睡眠状态唤醒时，将自动加入消息可发送的范围。

(4)失效自判定。

节点在失效后或者从活跃状态转入睡眠状态时，其他节点会自动判断其状态。

(5)统一状态管理。

节点的状态需经统一规范途径反馈。

根据前面所做的分析，在此本书提出一种适用于高速通信环境下具备自主特征的分布式计算底层通信模型。本书限定一个遥感卫星地面系统由 $n$ 个节点 $p_0, p_1, \cdots,$ $p_{n-1}$ 组成，$i$ 是节点 $p_i$ 的索引。本书定义的系统是处于局域网内的，其规模限定于单个 C 类地址空间，也就是系统内部的协作节点不超过 254 个，即 $n \leqslant 253$。由于通常的局域网物理连接方式为星形，以交换机为核心，各节点都连接在交换机上。虽然通常这种网络都是以级联交换机的形式物理实现的，但是在这里可以将其简化地认为交换机有 254 个接口，所有节点都直接连接在交换机上。这种连接方式使得系统中任意两个节点间都有直接的通路，节点 $p_i$ 的度为 $n-1$，其拓扑结构如图 3-16 所示。

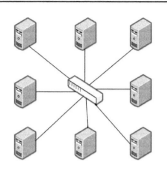 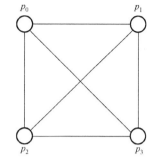

(a) 网络连接方式      (b) 简化网络拓扑图

图 3-16 网络基本结构图

一般地，定义 $p_i$ 为消息发送的源，$p_j$ 为消息发送的目的，$M$ 为消息内容，则一个消息可以被表示为 $M_{i,j} = \{p_i, p_j, M\}$。在本书中，由于系统的自主特性要求，也为了该模型之上的系统构架，在消息中添加了单独的内容——协议 $P$，即本系统中的消息表示为四元组 $M_{i,j} = \{p_i, p_j, M, P\}$。

考虑到目前常用的网络环境、软件、开发包等大多都建立在 TCP/IP 协议的基础上，本模型也基于 TCP/IP 协议进行设计，模型所具有的基本功能有以下几方面。

(1) 点对点通信。

节点 $p_i$ 可向节点 $p_j$ 发送信息。

(2) 组播通信。

节点 $p_i$ 可向组播地址发送信息，该组播地址可以包括 $j$ 个节点，$j \leqslant 254$。可以认为广播是组播的特例。

(3) 消息安全保障机制。

保证网络中的活跃节点均为有效节点，每个节点在发送消息时先与目标节点进行握手，且每条消息都需通过数据库备份。

(4) 失效节点的感知。

当某节点失效时，其他节点需要及时地感知该节点失效且进行记录，系统进行协作时应自动将其排除在外。

(5) 自动增加节点。

当某节点加入网络或被唤醒时，其他节点需要及时地感知该状态且进行记录，系统进行协作时自动考虑该节点的功能。

其中，功能(1)～(3)为通信功能的基本体现，功能(4)和功能(5)为整个底层通信的自主特性体现。

## 3.3.4 活跃点表方法

要保证底层通信的畅通，需要在系统中维护一种近乎实时的可用节点列表，也就是系统自己可以获得系统中活跃节点的情况。在具有自主特性的通信底层设计之上，为了维护整个系统的最新状态，本书设计一种活跃点表方法，用来判断系统中的最新活跃状态。该方法可以描述如下：

(1) 系统中有多个节点 $P = \{p_0, p_1, \cdots, p_n\}$，处于局域网内；

(2) 每个节点 $p_i$ 都维护一个活跃点表 $P_{a,i} = \{p_x, p_y, \cdots, p_z\}$，其中 $p_x, p_y, \cdots, p_z$ 分别为本节点所感知的周围活跃节点；

(3) 节点 $p_i$ 启动时向网络广播"新节点加入"消息；

(4) 节点 $p_i$ 关闭时向网络广播"节点关闭"消息；

(5) 节点 $p_i$ 向节点 $p_j$ 发送消息时，若消息内容标识需立即反馈且及时地获得反馈，则节点 $p_i$ 执行操作 $P_{a,i} = P_{a,i} \bigcup \{p_j\}$；

(6) 当节点 $p_i$ 向节点 $p_j$ 发送消息时，若消息内容标识需立即反馈但未及时地获得反馈，则节点 $p_i$ 执行操作 $P_{a,i} = \{P_{a,i} - \{p_j\} \mid p_j \in P_{a,i}\}$；

(7) 若节点 $p_i$ 收到节点 $p_j$ 所发送的"节点关闭"消息，则执行操作 $P_{a,i} = \{P_{a,i} - \{p_j\} \mid p_j \in P_{a,i}\}$。

采用该方法可以实现 3.3.3 节所提及的系统自主特性，也就是当节点加入网络或被唤醒时，系统能自动感知；当节点失效时，若有节点和其进行通信，则会发现该节点失效。但是正因为如此，若某节点挂起，则只有在使用时才能发现。对于这一问题，由于在整个系统设计中有通用监督者这个角色，通用监督者可以作为系统的备用手段，与活跃点表同时工作，保证系统状态能够被随时自主感知。

### 3.3.5　通信语言

由于自主系统具有一般分布式计算系统所不具备的一定的智能与自管理特性，系统内各节点间的通信将不再限于简单的业务逻辑通信，还包括各种管理类和控制类的通信行为。同时，要想让系统中的各个自主单元通过相互协商与合作来完成系统的业务功能，需要在整个系统中采用统一的规范来进行通信。将通信建立在知识级别之上而非传统的业务逻辑级别之上，将能显著地提高系统间通信的效率。目前分布式系统通信已有多种标准，其中的知识查询与操作语言(knowledge query and manipulation language，KQML)最为成熟，应用也最为广泛。

KQML 是美国国防部国防高级研究计划局(Defense Advanced Research Projects Agency，DARPA)知识共享计划的一部分，作为用于交换信息和知识的语言和协议，它提供了标准格式来支持代理间的实时通信，可用于两个或多个代理及应用程序间的协同处理。KQML 分为内容层、消息层和通信层三个层次，内容层对所需要传输的知识进行编码，其采用的语法为知识交换格式(knowledge interchange format，KIF)；消息层主要处理行为动作的描述，确定消息传递时所使用的协议、动作或原语；通信层为底层功能层，包括消息的发送者、接收者、唯一标识等，由该层来完成。

一个典型的 KQML 消息如下所示：

```
(ask-one
:sender joe
:content(PRICE IBM?price)
:receiver stock-server
:reply-with ibm-stock
:language LPROLOG
:ontology NYSE-TICKS)
```

KQML 的原语可分为基本交互原语、辅助与网络原语。基本交互原语如 :sender、:receiver、:from、:to 等，用于表示消息的发送方、接收方等基本信息。另外，还有的原语有会话型、干预型和监控型等。例如，原语 ask-if 表示发送者想知道交换的信息是否在接收者的虚拟知识库内，而 insert 原语则表示发送者要求接收者将发送的信息加入其虚拟知识库内。

图 3-17 为 KQML 消息层次。

系统的通信层为通信双方节点信息，关于这部分，自主系统与传统的分布式计算系统没有不同。而消息层与内容层将是系统自主特性体现的主要工作点，消息层描述了消息的语言、协议等内容，内容层主要体现的是与具体业务逻辑相关的内容。因此，消息层将通过消息体的约定，确定在节点收到消息后的解析方式，而内容层则决定了消息在被解析后接收端所做的具体动作或者将会引起的动作。

图 3-17　KQML 消息层次

对于自主单元，所获得的消息可以看作感受器所获得的外界变化信息，而通过对内容层的解析，将引发一系列的分析(analyze)、计划(plan)、执行(execute)过程。即原 MAPE 中的监视(monitor)过程变成了从外界获取消息的过程，这两者都是自主单元对外界的感知，不论主动或被动获取信息，其本质都是对自主单元行为的触发，因此可以统一看作来自自主单元外界的刺激。

## 3.3.6　通信质量

在分布式计算系统中，节点间的通信是系统有序运行的保证。在前面的章节里讨论了节点间通信的方法、通信的语言等，在系统实现时还有很重要的工作就是保证系统中各节点间通信的质量。通信质量包括以下几个方面。

(1)通信可靠性。

需要保证所需传输的信息安全地到达目标点，并且在自主系统中，还需要考虑系统出现异常后能够自主修复，即恢复消息传输的能力，或者保证在异常时不中断业务。

(2)高传输效率。

在信息传输的过程中不能出现传输瓶颈，且能合理地利用网络，达到负载均衡的目的。

(3)可扩展要求。

系统节点的增减、物理网络的扩充，不能影响消息的传递和工作效率。

(4)优先级。

用来描述消息传递的优先程度。考虑到具体的网络传输情况，消息中间件无法保证每个消息都能按时传递给接收者，因此消息发送者通过指定消息的紧急程度，来使消息按照优先级的顺序传递给消息接收者。

(5)时间约束。

是指消息只在特定时期内有效。时间约束包括消息的开始时间、有效时间和最迟交付时间。开始时间是指消息的起始传输时间；有效时间是指消息的有效期；最迟交付时间是指消息最晚到达接收者的时间，如果消息过了这个时间仍未到达，那么被废弃。

(6)队列管理。

主要从消息发送的空间约束上进行控制，主要包括队列长度、接收消息的最大数目、消息的最大长度、控制消息体的大小和丢弃策略等。队列长度是内存中用来存储消息的缓存(cache)的大小，接收消息的最大数目控制消息接收者接收的消息的最大数目，丢弃策略是指当消息缓存溢出时废弃消息的顺序，常见的策略包括先进先出、后进先出、优先级和任意顺序等。

(7)安全性。

提供消息的授权、认证、加密传输等手段，支持消息的安全传输。

(8)通信可审计。

可对通信历史进行记录，反馈系统运行状况，自动优化调整。

# 3.4　服务协作机制设计

## 3.4.1　SOA 的实现方式

服务描述源于面向服务(SOA)思想的提出。SOA 的实现建立在 WSDL、UDDI和 SOAP 三种技术之上，其中 WSDL 用来描述 Web 服务的服务内容。UDDI 是一种保存 Web 服务描述的机制，用来注册和查找服务。SOAP 是一个基于 XML 的协议，是一种在分布式环境中对等交换信息的简单的轻量级的实现方式，提供了基于广域网的服务者和消费者之间传递消息的机制。其本身并不定义任何应用语义，只是定义了一种简单的实现机制，通过一个模块化的包装模型和对模块中数据的重编码机制来表示应用语义。

如图 3-18 所示,在 SOA 架构中有三种角色,分别为服务提供者、服务请求者和服务注册中心。其中,服务提供者是真正实现系统业务功能的服务群。服务请求者一方面可以是用户,通过系统的操作界面向系统提交业务请求;另一方面,服务请求者也可以是需要进行协作的服务,即服务群自身。服务注册中心的作用是收集服务提供者的服务提供能力描述信息,使得服务请求者在需要某种服务时可以顺利检索到系统内可提供具体服务的节点,即服务请求者通过服务注册中心来获得系统中可提供服务的信息。

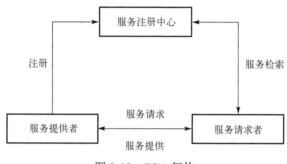

图 3-18　SOA 架构

SOA 架构的两个要点在于服务的提供,以及通过以中立方式定义的接口进行交互与协作,也就是基于 SOA 架构的系统由各种服务组成,服务之间通过接口进行交互与协作,接口独立于具体实现服务的硬件平台、操作系统和编程语言。由这种接口进行组合的方式称为系统的松耦合,与紧耦合系统相比,松耦合系统有灵活性好、能动态适应系统变化的优势,但是随之而来的服务协作问题是松耦合系统需要重点研究的。

一个 SOA 系统的运行过程可以抽象为三个过程:服务发布、服务检索和服务调用。服务发布过程是服务在自身具备向服务请求者提供服务的状态后,向服务注册中心进行注册的过程,在 P2P 结构的系统中也可以是向网络广播自身服务能力的过程。服务检索过程是服务请求者在明确自身需求后向服务注册中心检索所需要的服务的过程,若服务中心有可匹配的服务,则服务请求者将获取该服务的相关描述信息,转入服务调用过程;若无匹配的服务存在,则服务请求者可以采取多种处理方式,如放弃、等待、转变需求等。

## 3.4.2　服务描述

通常,服务的描述要使计算机系统能够自动识别,就必须借助于服务描述语言。通过形式化的描述方式,使得对于服务的描述能被计算机识别,同时还可以提供更进一步的搜索、匹配等功能。

张海俊[13]结合 Wickler 等的研究,认为服务描述语言应当满足以下几项条件。

(1)表达能力强。不仅能表达信息、知识，还要能表达服务；自主单元能力的描述应该在抽象层，不应该在实现层。

(2)灵活性。能适应不同的自主单元使用，能提供继承机制、概念语言和状态语言。

(3)推理功能。自主单元能自治地完成服务匹配、服务调用、服务组合及服务验证等一系列服务推理问题。

(4)基于语义的描述。只在语法层上描述服务不能解决自主计算系统中服务的互操作问题，描述服务时，应当在语义层上描述，即要考虑本体的使用。

(5)支持服务的协商机制。服务的调用、组合、协作等都离不开自主单元的自动协商。

(6)支持数据类型。服务的输入和输出等属性不是简单的字符串，应当考虑数据类型的使用，如整数型、实数型和日期型等，这样才能客观地描述服务。

(7)要考虑服务质量与服务效率的关系，有的自主单元以服务质量为优先条件，有的自主单元以服务效率为优先条件，而有的自主单元则要考虑两者的平衡。

(8)语法要尽可能简单，方便用户使用。

以上规则是从抽象的概念上表述对于服务描述的要求，而在实际工作中，常用的几种服务描述语言如能力描述语言(capability description language，CDL)、服务描述语言(service description language，SDL)、LARKS(language for advertisement and request for knowledge sharing)等，均存在这样那样的不足。

图 3-19 为 WSDL 规范结构。

图 3-19　WSDL 规范结构

传统的 SOA 结构中通常使用 WSDL 进行服务的描述，对于所讨论的处于局域网内部的系统环境，服务的描述同样至少需要关注三个基本属性。

（1）服务做些什么：服务所提供的操作（方法）。

（2）如何访问服务：数据格式及访问服务操作的必要协议。

（3）服务位于何处：由特定协议决定的网络地址，如 URL。在本书中特指局域网 IP 地址。

### 3.4.3　服务注册

服务在系统中的注册依赖于两个基本要素：一是需要有注册的机制，是通过统一的注册服务器来注册的，类似 UDDI 形式，或者采用 P2P 模式的自发现机制；二是 3.4.2 节讲到的服务的描述，通过形式化的描述方法，将服务自身所在位置、可提供服务的能力、接口等进行描述。只有完成这两种要素才能实现系统中的服务注册，为 3.4.4 节要讲到的服务搜索与匹配功能提供基础。

图 3-20 为服务注册与调用过程。

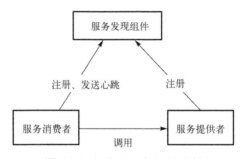

图 3-20　服务注册与调用过程

在传统的 SOA 架构中，服务注册是采用集中式的注册方式，即通过集中的服务注册中心来管理所有网络上的服务。这种方式有两个缺陷：一是若该中心出现问题，则容易导致整个系统的瘫痪；二是若某个服务在注册过程中出现异常，导致服务注册中心没有按照预先设定进行登记，则会导致该服务永远无法被检索到，也就无法提供服务。

在设计具有自主系统特征的系统时，在系统规模及通信层面进行考虑，尽可能地避免出现服务注册中心所带来的问题。由于之前已经将系统限定在一个局域网内，因此其服务的数量级远不能与分布于广域网的 SOA 系统相比，这就使得采用分布式的服务注册中心成为可能。另外，在 3.3 节提到，每个节点将自主维护整个系统的有效状态，因此可以利用这个优点，在服务上线时并不向某单个服务注册中心进行注册，而是向网络中的活跃节点进行注册。也就是说，网络中的每个活跃节点都可以成为服务注册中心。不过，这种方式带来的问题就是过冗余，系统中每个节点都存有整个系统中的服务信息，因此在系统初始化时仍需自动或指定某个节点为服务注册中心，只有当系统发现该服务注册中心出现异常时，才切换至其他节点作为备份。

### 3.4.4　服务搜索与匹配

通常，在分布式计算系统 SOA 架构下的服务搜索与匹配主要有两个难点：一是如何做到对服务能力的精细描述，从而使用户需求能够与系统所提供的服务精确对应；二是如何做到在广域网范围内既保证了搜索的广度，又能在时间和效率上满足用户的需求。在本书所设计的系统中，由于事先约定系统限定在局域网范围内，所以不论采用 UDDI 的集中注册方式，还是采用类似 P2P 的自动搜索方式，均能保证搜索的广度和效率，因此第二个难点不在本书的研究范围之内。

根据服务描述信息的详细程度，服务匹配大致可以分为基于语法的服务匹配和基于语义的服务匹配。其中，基于语法的服务匹配大多基于服务描述中的关键字进行匹配，这种方法相对简单，实现难度也不大，但准确率相对较低；基于语义的服务匹配目前普遍采用基于本体的方法来增强对服务的功能、行为的语义描述，这种方法通常依赖于逻辑演绎和推理，查准率高，但是匹配效率不佳。

根据服务匹配的准确度不同，服务匹配又可以分为近似匹配、精确匹配和插入匹配。其中，近似匹配只要求请求服务与提供服务相似，这种相似可以是基于语法的，也可以是基于语义的。精确匹配要求请求服务与提供服务在语义上是等价的。插入匹配介于近似匹配和精确匹配之间，从语义上要求提供服务包含请求服务，即相对于请求服务来说，提供服务能提供更多的服务，请求服务能够插入到提供服务中。显然，精确匹配是一种插入匹配，而插入匹配是一种近似匹配。关于对服务进行精细描述与匹配，当前较好的解决方式是采用语义网技术，借助本体和逻辑推理等技术手段，提高服务描述的机器理解能力，支持用户需求和已有服务能力的计算机自动匹配。

图 3-21 为规范语义描述与技术体系。

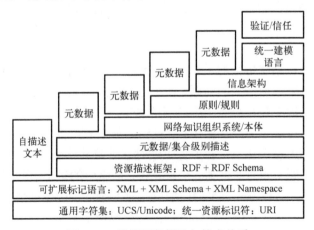

图 3-21　规范语义描述与技术体系

此外，还有许多服务匹配类型。近年来基于服务质量的服务匹配方法研究较多，从匹配时的服务代价、时间性能、可靠性、服务质量等方面来进行匹配服务的选择。

在本书所设计的自主计算系统中，由于系统的总体目标明确，各单元的任务与功能大多可以实现自行约定，因此考虑到服务匹配时的效率问题，则应采取基于语法的服务匹配方式。基于语法的方式的准确率问题，可以采用类似本体的方式来解决，在系统设计时预先定义一系列关键字，各服务在提交时均应满足这个关键字约定，既可以满足匹配时的准确性问题，又不会带来效率问题。

### 3.4.5　服务协作

系统中通常都具有某些已知的服务和某些未知的服务，当某个自主单元需要与其他自主单元合作时，通常会有以下几种情况。

(1) 已经知道目的自主单元的名称/地址等信息，可直接发送消息至目的自主单元。

(2) 已经知道目的自主单元的名称，但是不清楚该自主单元的地址及其活动状态，需向服务器询问其地址，获取信息后再直接发送消息至目的自主单元。

(3) 既不知道目的自主单元的名称，也不知道地址，则需根据自己需要的功能查询有这种能力的自主单元，可向服务器询问具有相关关键字的服务。若服务器登记有相关服务，则对相关信息进行反馈，此时自主单元可以根据反馈直接发送消息至目的自主单元。

(4) 若在情况(3)下，系统中没有相应的自主单元提供服务，则可在服务器中登记需求，等到系统中有新自主单元上线登记服务后，自动进行后续工作。

在具体的业务环境中，由于业务的进程虽然不一定要实时进行，但是通常也需要不间断地进行，因此若在情况(3)下未能得到反馈，则采用情况(4)下的处理方式将导致某些业务始终处于阻塞态，影响整体业务进行。因此，应向自主单元反馈出错信息，由自主单元自行解决服务未找到的问题。

### 3.4.6　服务自主组合

在 SOA 架构的系统中，各种业务功能的实现都是通过服务来完成的。由于服务设计时的粒度不同，必须多个服务互相协作来完成业务功能，也就是通过服务间的组合来实现新的服务功能。服务的自主组合就是利用系统中分布的已有服务，根据用户的应用需求，自动地选择合乎需求的服务，按照一定的规则协同完成服务请求。通过服务的自主组合，可以利用现有较小、较简单、易于执行的轻量级服务来创建功能更为丰富、更易于用户定制的复杂服务，从而将松散的、分布于整个系统中的服务有机地组织起来，提高系统的可用性和灵活性。

图 3-22 为服务自主组合常用技术流程。

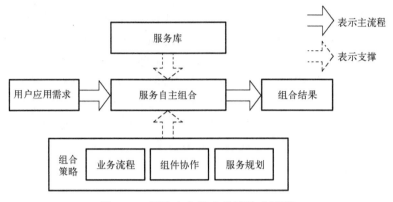

图 3-22　服务自主组合常用技术流程

当前服务组合的方法主要有以下三种。

### 1. 基于业务流程的服务组合方法

基于业务流程的服务组合方法是将服务组合构建在一组静态或动态确定的应用服务之上的业务流程，也就是说，需要在系统运行之前事先确定好业务流程、完成业务的服务组合及其运行顺序。因此，该方法使用与经典工作流建模方法相类似的模型来描述服务组合。模型中的基本元素有活动、控制流、数据流等，其中活动描述服务所进行的业务处理与操作，控制流描述活动之间的依赖关系，也就是服务执行时的顺序依赖关系，而数据流则描述整个业务活动中数据的流向及交换关系。基于业务流程的服务组合方法是一种朴素的服务组合模型思想，易于理解。由于基于工作流方式的管理系统已经经过了多年的研究，工作流管理体系已经属于成熟技术，该方法借鉴了工作流管理系统(work flow management system，WfMS)的体系架构。例如，业务流程执行语言(business process execution language，BPEL)等都是支持该方法的国际标准。但基于业务流程的服务组合方法大多还使用非形式化的流程模型，导致建模理论的基础比较薄弱，影响了服务组合的正确性。

### 2. 基于组件协作的服务组合方法

基于组件协作的服务组合方法来源于电子商务领域中对商业协议的描述方式。通过描述组合服务中各参与者之间的消息交互规范来定义它们之间的协作行为。这种方法重点在于服务之间的消息交换，通过消息交换引用的服务组合来直观地进行组合服务建模。因此该方法的核心在于事先定义好服务的描述与注册策略，在需要完成业务功能时通过检索注册好的服务来进行组合。

### 3. 基于规划的服务组合方法

基于规划的服务组合方法在基于协作的方法之上更进一步，将经典人工智能中的规划思想引入服务组合技术，将规划问题描述为一组可能的状态、一组可执行的动作和一组状态变迁规则，问题的求解就变为寻找从初始状态到目标状态的一组动作序列。在服务组合技术中，由业务需求来定义初始状态和目标状态，动作则是系统中可用的服务，状态变迁规则定义了每个服务执行后的状态改变情况，服务组合的过程即是寻找一组可用的服务，使得在经过这些服务处理后可将系统从初始状态改变至目标状态。在这方面有语义 Web、组合推理等一系列研究方向，但是由于人工智能本身的发展局限，要做到运行性的、智能化的服务动态组合，还需要进一步开展理论与方法的研究与探索。

从另外一个角度来看，服务的组合方式也可划分为静态组合和动态组合两种类型，其区别在于进行组合的服务选择时机不同。在静态组合中，事先由系统设计人员或操作员在业务运行之前进行设定，选择好需要组合的服务及相关运行规则，真正的业务执行是按照事先安排进行的。而动态组合则是系统在运行时，根据用户需求及事先预置的算法、规则自动地选择所需的服务，以达成业务目标。组合过程包括服务请求描述、服务检索与匹配、服务组合描述和服务执行监测四个步骤。用户以某种形式向系统表述所需要的服务，利用 UDDI 等方式来进行系统已有服务的检索与匹配，通常系统会反馈一系列服务可供组合，由用户手动或系统预置策略进行选取，通常选取的原则包括有效性、成本、性能等几个方面。

在自主系统中，虽然建设目标是服务可以完全自主动态组合，但是对于现有成熟的业务流程，可以将其服务组合以静态形式留存于系统中，这样一方面可以减少服务动态组合的开销，另一方面可以将服务动态组合作为推理机的推理基础与输入，从而更有效地完成服务的动态组合。

服务的动态组合机制要求其具有两方面的功能：一方面，系统要能够识别外界环境变化及应用需求；另一方面，系统要了解已存在的服务所具备的功能及其调用方式。

要实现服务的动态组合，需要有三个步骤：首先是通过服务描述语言对服务本身、调用机制和组合机制进行描述，其次是研究服务组合的自动机制和相关算法，最后是在具体的业务框架下设计服务组合的框架。基于规划的服务组合方法，应着眼于设计能够正确地生成、描述和组合服务的一种体系架构。

Modafferi 等[14]提出，服务组合应满足自适应性和服务质量两个特性。这里的自适应性可以认为是系统自主特性的一种体现，其包括：

(1)上下文的适应性，可以了解并修改用户的需求，以达到最好的使用效果；

(2)多通道的提供，并行的调用不会互相干扰；

(3)在提供组合服务时，将组合的复杂情况隐藏在用户界面之后。

在服务组合领域，BPEL 是当前应用最为广泛的语言，也成为业界事实上的标准。BPEL 是基于 XML 的语言，可以定义如何使业务流程相互配合，其作用是将一组现有的服务进行整合，从而形成一个新的服务，使得复杂的业务协作能够得到形式化的描述；另外，在现有系统中服务的基础上，能够根据实际业务流程模型，动态地进行服务的组合，组合出符合新业务需求的服务，能够灵活、快速地响应不断改变的业务需求，这正符合了自主系统中自配置与自优化的自主特性。

BPEL 与前述的 WSDL 并不矛盾，WSDL 是服务的描述语言，与 BPEL 关注的方面不同。BPEL 所定义的流程，要通过 WSDL 进行实现，而且被调用的服务也是通过 WSDL 来描述的。

在系统中通过用户的需求定义、系统状态的收集、各服务的查询匹配，最后生成 BPEL 文件，描述应该由何种服务进行协作完成业务功能，并由 BPEL 执行引擎进行执行，最终完成用户的需求。

### 3.4.7　服务自主组合的正确性验证

在进行复杂流程逻辑的服务组合时，仅靠设计时采用的建模语言语义和设计者的经验来保证其正确性是远远不够的。流程中服务组合的正确性决定了服务组合能否正确地运行，逻辑错误的服务组合将导致被组合的服务无法正常运行，或者发生死锁、活锁、状态不可达等问题，若不事先进行验证，则会出现在运行后耗费大量资源却无法达到业务目的的情况。

要解决服务组合的正确性验证问题，可以分为两部分验证。

1) 验证服务组合内部服务流程逻辑的正确性
(1) 服务组合的描述是否合乎规定的语法。
(2) 服务组合是否会导致错误的任务执行。
(3) 服务组合在执行时是否合乎预先定义的目标。
(4) 服务组合是否能在现有的软硬件资源下执行。

2) 验证服务组合中各服务之间的兼容性
(1) 服务间语法的兼容性，服务之间能够实现语法层面的正常交互。
(2) 服务间语义的兼容性，服务之间在功能、参数、消息等方面保持语义的一致性。
(3) 服务间行为的兼容性，交互的服务在不违反各自内部逻辑的前提下完成与其他服务的交互。

图 3-23 为服务组合正确性验证流程。

当前对于 Web 服务组合的形式化描述和验证方法研究较多。Web 服务组合建模及其验证技术可以分为三类。

(1) 状态转移模型及其验证技术，使用 Petri 网或有限自动机。

(2) 进程代数模型及其验证技术，使用 PI 演算（π-calculus）或 BPE 演算（business process execution calculus）。

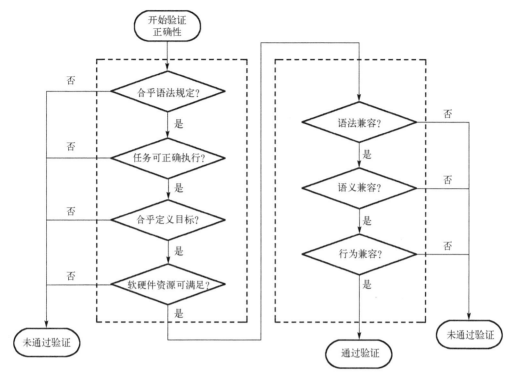

图 3-23　服务组合正确性验证流程

（3）时序逻辑模型及其验证技术，使用线性时序逻辑或分支时序逻辑。

Petri 网天然具有直观的图形表达方式和丰富的形式化语义，能够自然地描述服务组合过程中的并发、顺序、同步等特性，适合描述系统运行过程中的行为。基于有限自动机理论方法不但可以验证服务组合是否满足系统的需求，还可以验证服务组合运行过程是否有逻辑错误。进程代数对于并发运行的服务组合较为适用，尤其是 PI 演算方法特别适合描述分布式松耦合的并发系统。但是在实际使用中，由于进程代数模型和时序逻辑模型相对较为抽象，难以得到广泛应用。

Petri 网所具有的优点如下所示。

（1）直观性。

Petri 网具有直观的图形化表示方式，其图形化表示可以表达服务组合的静态特性，如拓扑结构等，还可以表达服务的状态变迁等动态特性，具有良好的可读性。

（2）表达能力。

Petri 网具有丰富的形式化语义，可以很方便地表达系统的属性，包括并发性、同步性、死锁、活锁等。

（3）成熟度。

Petri 网经过多年的研究，已经具有一套成熟的数学理论工具，建立了多种分析技术，包括可达性分析、不变量分析、保持特性的变换、构造理论、形式语言理论等。

（4）异步性。

Petri 网具有异步并发特性，决定了它的主要应用方向是分布式系统的外延，适用于描述异步并发的分布式系统，适合于服务组合的特点。

因此，在使用服务自主组合来完成系统业务需求的自主系统中，可以选用基于 Petri 网的验证方式来验证业务流程和服务组合的正确性。

## 3.5　系统自主控制

### 3.5.1　反馈控制循环

反馈控制是自动控制理论中的概念，是指信号沿前向通道和反馈通道进行闭路传输，从而形成一个闭合回路的控制方法。通常，一个反馈控制系统包括以下几部分。

（1）控制对象：被控制的设备。

（2）传感器：被控制设备上用于采集各种状态参数的设备，采集后把各种参数传入控制器。

（3）控制器：通常具有比较、放大、判断决策、执行指令等功能，其输入通常有两个，一个是预先设置的标准量，另一个是从控制对象所采集的变量。其中，预先设置量通常作为标准值与所采集的量进行比较，而采集量的传递方向通常是从系统输出端回到输入端，称为反馈信号。

（4）执行器：接收控制器的指令信号，驱动系统中的调节机构，对系统进行工作干预。

典型的自动控制系统原理图如图 3-24 所示。

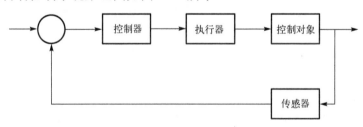

图 3-24　典型的自动控制系统原理图

在反馈控制系统中，其核心即为获取被控量的反馈信息，不断修正被控量与输入量之间的偏差，完成对被控制对象实施有效控制的任务，若反馈信号与输入信号相减，使产生的偏差越来越小，则为负反馈控制，反之则为正反馈控制。

正反馈控制可以进一步促进或加强被控制对象的活动，使其变化过程进一步加强，直至最终完成，如凝血过程、马太效应即为正反馈过程，但其于工程、工业的控制应用较少。负反馈控制是对偏差进行控制，其特点是无论何原因使被控量偏离期望值，必定施加一个相应的控制量去减小或消除该偏差，使被控量与期望值趋于一致。负反馈控制广泛地应用于对系统、装置需精确、稳定控制的工业、计算机系统中。

在负反馈控制系统的实现方面，PID 控制是应用最为广泛的控制策略。P 即偏差的比例（proportional）、I 即积分（integral）和 D 即微分（derivative），PID 即综合应用三种方式控制。PID 控制器本身是一种基于对过去、现在和未来信息估计的简单但却有效的控制算法[15]。其算法具有简单、鲁棒性能好、可靠性高等优点，其系统原理示意图如图 3-25 所示。

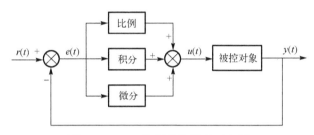

图 3-25　PID 控制系统原理示意图

通过 PID 控制器，其输出 $u(t)$ 与负反馈控制输入 $e(t)$（$e(t)=r(t)-y(t)$）之间呈比例、积分和微分的关系，即

$$u(t) = K_c \left[ e(t) + \frac{1}{T_i} \int_0^1 e(t)\mathrm{d}t + T_d \frac{\mathrm{d}e(t)}{\mathrm{d}t} \right]$$

式中，$K_c$ 为比例系数；$T_i$ 为积分时间常数；$T_d$ 为微分时间常数。

在计算机控制系统中，使用比较普遍的也是 PID 控制策略。此时，数字调节器的输出与输入之间的关系为

$$u(kT) = K_c \left\{ e(kT) + \frac{T}{T_i} \sum_{i=0}^{k} e(iT) + \frac{T_d}{T} [e(kT) - e(kT - T)] \right\}$$

式中，$K_c$、$T_i$、$T_d$ 分别为比例系数、积分时间常数和微分时间常数；$T$ 为采样周期；$k$ 为采样序号，$k=0, 1, 2, \cdots$；$u(kT)$ 为第 $k$ 次采样时刻的输出值；$e(kT)$ 为第 $k$ 次采样时刻输入的偏差值；$e(kT-T)$ 为第 $k-1$ 次采样时刻输入的偏差值。在实际的系统实现与应用中，PID 控制的组成视控制目标、精度等需求而进行相应的设计与实现，并不一定由 3 个控制组成，甚至仅用比例控制即可达到控制目标。

IBM 公司 Kephart 等给出了自主计算的通用参考模型[16]——MAPE-K 自动控制环，其结构如图 3-26 所示。

由图 3-26 可见，Kephart 等设计的自主计算控制系统由自主管理者（autonomic

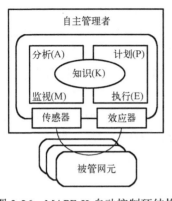

图 3-26　MAPE-K 自动控制环结构

manager，AM）和被管网元（managed element，ME）组成。被管网元覆盖系统组成中的所有网络资源，自主管理者通过网络收集传感器、效应器等管理接口的信息进行监视和控制，依照设定的内部管理策略，通过 MAPE（监视-分析-计划-执行）控制环来实现对系统的自主管理。监视功能通过传感器来收集网元（设备和程序）的状态信息，分析功能对监视采集的各类状态信息进行分析，针对分析结果制定相应的系统计划，并由执行功能进行具体的实施，最后通过效应器来执行管理动作，如资源的调配，任务的取消、重做、改派等。

　　自主系统的工作过程，与反馈控制过程有很大的相似性。Kephart 提出了经典的 MAPE（监视-分析-计划-执行）控制环作为自主元素的自适应控制机制。其中，监视过程对应于自动控制中的传感器采集过程，而分析与规划过程则对应于控制器所做的工作，执行过程与自动控制中的执行器工作机制也是相类似的。

## 3.5.2　软件行为分析

　　在自主系统中，监视过程负责监视外界环境与自身变化，以决定应对策略。而整个系统各软件自身的状态，在很大程度上影响到系统的有效运行能力。

　　软件行为是指软件运行表现状态和状态演变的过程，可以通过软件运行时发生的一系列事件进行表达。在分布式系统中，各自主节点是事件的生产者。

　　一方面，软件运行时的行为状态主要分为两个部分：一部分是软件运行时对资源的消耗情况，如计算资源、内存需求、存储 I/O、网络通信等；另一部分则是软件自身的实时属性，如进程、线程、远程调用情况等。自主系统在运行时需要通过感受器来感受软件的具体状态，根据状态来进行系统的控制。另一方面，软件在运行时的行为状态固然重要，但是软件的运行是一个长期过程，在遥感卫星地面系统中，一部分软件是需要 7×24h 运行的，那么软件的历史状态对于软件行为的分析也是具有很重要的参考价值的。

　　在软件行为分析方面，国防科技大学殷跃鹏等[17]就提出了基于事件的分布式系统行为分析框架，为用户提供易于理解的软件行为规约语言，该框架通过分析事件及事件间的组合逻辑和时序逻辑描述软件的运行时行为；通过发布/订阅服务来汇聚分布式节点产生的事件，保证了大批量事件的有效传输和框架的扩展性。通过支持用户动态修改和配置软件行为规约，提升了框架的动态性。同时，该框架还支持参考历史信息的软件行为规约检查，软件行为分析能力较强。

　　东南大学顾军等[18]提出了一种基于执行力模型的服务平台自主控制方法，旨在支持更强的分散交互性，设计基于分层采集、分析、反馈的自主控制架构，自主服务构件负责面向服务构件的局部控制，系统控制器控制面向系统应用的管理服务。系统控制器所使用的系统模型是抽象模型，它包含与系统全局目标相关的信息，如接口交互变量、关键参数判定等。

图 3-27 为基于分层反馈的系统服务架构。

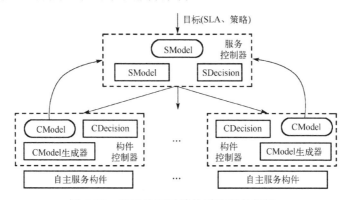

图 3-27　基于分层反馈的系统服务架构

要实现软件的行为分析，需要完成两项工作，即定义行为报告机制和实现行为分析规则。定义行为报告机制是指整个系统的软件在开发时就需要根据软件的具体业务功能嵌入相应的行为报告代码，此项功能类似于开发时常用的 log 机制。常用的软件开发模式是在代码中嵌入 log 记录代码，当遇到关键业务点或出现异常时，通过写 log 日志来记录软件的行为，作为事后分析的依据。而在软件行为报告机制中，不但需要输出信息，而且输出的信息还需要符合一定的形式化描述，整个系统的软件行为通过一定的机制进行集中收集。实现行为分析规则是根据整个系统的软件行为报告记录，进行系统的健康状况等分析，可体现出整个系统的运行情况，甚至可以根据历史记录的分析在一定程度上预测系统的异常。

### 3.5.3　自适应异常处理

系统的自适应控制机制主要是应对系统所出现的异常状况，尤其是在自主系统中，其自恢复特性就是指系统能够侦测到运行中的错误，并且在不妨碍系统正常工作的前提下自动修正错误。因此在具有自主系统特征的遥感地面系统设计时，系统对异常处理的能力就直接体现了系统的自恢复特性。

从系统的角度来看，异常可以分为可预测异常、不可预测异常、基本失效及应用失效四类。数据库、网络及操作系统等出现的异常称为基本失效，业务流程服务互相调用时出现的异常称为应用失效。对于开发人员来讲，可预测的流程运行中可能产生的异常称为可预测异常，系统流程运行过程中不可预测的异常称为不可预测异常。

以较为常见的服务失效异常为例，可以经由如图 3-28 所示的异常处理机制自主应对。若所需要的服务不能执行或没有反馈，则需使用备用服务。若无备用服务或备用服务也出现异常，则需查找新服务。若新服务也出现异常，则本次调用失败。

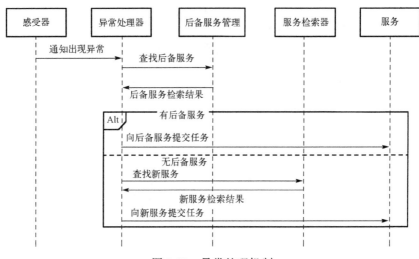

图 3-28　异常处理机制

故障诊断技术主要依赖于研发人员枚举输入，即尽可能枚举可能的错误及异常处理方式，以尽可能多地测试用例覆盖，缺乏针对性，效率低、不完备，近年来人工智能、机器学习、随机过程、贝叶斯推断、图论等技术不断融入故障诊断技术中。表 3-5 列举了故障诊断技术类型及优缺点[19]。

表 3-5　故障诊断技术类型及优缺点

| 技术类型 | 定义、优势及局限 |
|---|---|
| 基于规则的技术 | 基于规则的技术主要通过将专家知识表示为一系列规则来进行故障诊断。规则是人为可扩展和可解释的，但这种技术不能诊断未知的错误，而且大量的知识库也不易维护 |
| 基于模型的技术 | 基于模型的技术将系统定义为数学表示，通过测试观察到的行为来验证是否满足模型。基于模型的技术适合诊断应用级别的问题，然而，构建模型需要对系统有非常深刻的理解 |
| 统计技术 | 统计技术通过对经验数据使用关联分析、对比和概率等理论来进行故障诊断。统计技术不需要对系统内部或者模型具备深入的了解，但是对于系统的非稳态(意料之外，情理之中)故障难以诊断，而这类故障对于大规模系统而言是很常见的 |
| 机器学习技术 | 机器学习技术采用聚类的方法或者使用训练数据来确定系统状态是否健康，找出故障的潜在原因。机器学习技术可以自动地学习系统行为，但是当特征维度变大时，精确度会迅速下降 |

续表

| 技术类型 | 定义、优势及局限 |
|---|---|
| 计数和阈值技术 | 计数和阈值技术可以诊断出短暂和间歇性错误，这种技术在很大程度上依赖于参数的校正，可以通过严格的数学公式和分析模型进行参数配置 |
| 可视化技术 | 可视化技术通过可视化数据的趋势和模式来识别异常点。它可以对问题出现根源的各种假设进行展示，但并不能自动识别问题 |

# 3.6　系　统　安　全

## 3.6.1　自主系统的安全策略

在自主计算系统中，其自保护特性针对多个方面，而对于遥感卫星地面系统这一特定应用环境，目前主流的运行架构是一个对外提供多类型服务的云服务平台。除了传统开放服务平台所面临的问题，由于遥感卫星地面系统智能云服务平台改变了基础设施管理及对外服务内容，所以平台面临新的安全危险。

安全危险根据来源可以分为来自网络外部的安全危险和来自网络内部的安全危险两种。来自网络外部的安全威胁主要有网络 IP 攻击、移动计算机等移动设备随意接入、病毒/木马/蠕虫、结构查询语言(structure query language，SQL)注入、钓鱼攻击及零日攻击等。来自网络内部的安全威胁主要有操作系统与软件的漏洞、非法外联、软硬件设备滥用、网络应用缺乏监控、安全管理制度缺乏等。

针对以上风险，本节将从数据安全、虚拟机(VM)安全、网络安全及运维管理安全四方面介绍全平台安全的保障。

图 3-29 为平台安全解决方案框架。

### 1. 数据安全

1)用户数据隔离

系统采用分离设备驱动模型实现 I/O 的虚拟化。该模型将设备驱动划分为前端驱动、后端驱动和原生驱动三个部分，其中前端驱动在 DomainU 中运行，而后端驱动和原生驱动则在 Domain0 中运行。前端驱动负责将 DomainU 的 I/O 请求传递到 Domain0 中的后端驱动，后端驱动解析 I/O 请求并映射到物理设备，提交给相应的设备驱动程序控制硬件完成 I/O 操作。

2)数据访问控制

系统对每个卷定义不同的访问策略，没有访问该卷权限的用户不能访问该卷，只有卷的真正使用者(或者有该卷访问权限的用户)才可以访问该卷，每个卷之间是互相隔离的。

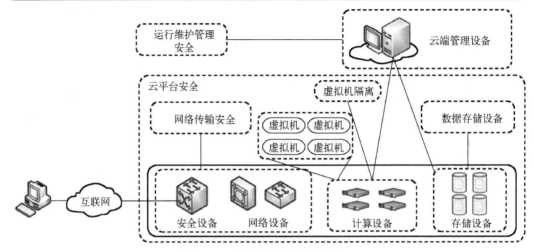

图 3-29 平台安全解决方案框架

3) 剩余信息保护

存储采用 RAID 创新技术，系统会将存储池空间划分成多个小粒度的数据块，基于数据块来构建 RAID 组，使得数据均匀地分布到存储池的所有硬盘上，然后以数据块为单元来进行资源管理，范围是 256KB～64MB，默认为 4MB。

图 3-30 为剩余信息保护示意图，图中 DG 为磁盘组(disk group)。

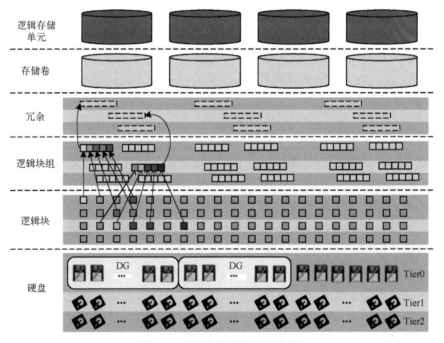

图 3-30 剩余信息保护示意图

4) 数据盘加密

为了防范非法用户访问用户虚拟机磁盘数据，系统通过在用户虚拟机中部署加密进程，加密进程截获磁盘读写 IO 的方式，对写入磁盘及从磁盘读取的数据进行加密、解密。

图 3-31 为磁盘加密逻辑图，图中 VEA 为虚拟以太网适配器(virtual ethernet adapter)。

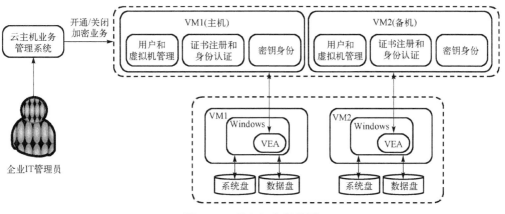

图 3-31　磁盘加密逻辑图

5) 数据备份

系统数据存储采用多重备份机制，每一份数据都可以有一个或者多个备份，即使存储载体(如硬盘)出现了故障，也不会引起数据的丢失，同时也不会影响系统的正常使用。

**2. 虚拟机安全**

平台设计利用虚拟化技术实现全平台资源融合和统一管理，利用虚拟机作为服务器单元对外提供服务。终端用户或终端服务使用虚拟机时，仅能访问属于自己的虚拟机资源(如硬件、软件和数据)，不能访问其他虚拟机的资源，保证虚拟机隔离安全。

图 3-32 为虚拟机相关资源隔离。

1) 内存隔离

虚拟机通过内存虚拟化来实现不同虚拟机之间的内存隔离。内存虚拟化技术在客户机已有地址映射(虚拟地址和机器地址)的基础上，引入一层新的地址——物理地址。在虚拟化场景下，客户机系统将虚拟地址映射为物理地址；虚拟化层负责将客户机的物理地址映射成机器地址，再交由物理处理器来执行。

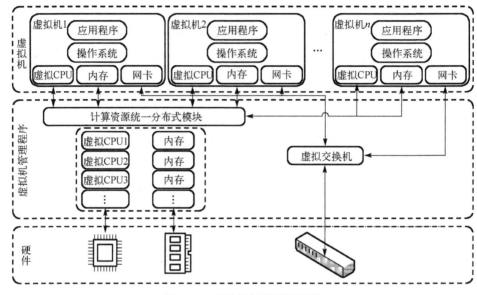

图 3-32　虚拟机相关资源隔离

### 2) 内部网络隔离

虚拟层提供虚拟防火墙——路由器(virtual firewall router，VFR)的抽象，每个客户虚拟机都有一个或者多个在逻辑上附属于 VFR 的网络接口(virtual interface，VIF)。从一个虚拟机上发出的数据包，先到达 Domain0，由 Domain0 来实现数据过滤和完整性检查，并插入和删除规则；经过认证后携带许可证，由 Domain0 转发给目的虚拟机；目的虚拟机检查许可证，以决定是否接收数据包。

### 3) 磁盘 I/O 隔离

虚拟层采用分离设备驱动模型实现 I/O 的虚拟化。该模型将设备驱动划分为前端驱动程序、后端驱动程序和原生驱动三个部分，其中前端驱动在 DomainU 中运行，而后端驱动和原生驱动则在 Domain0 中运行。前端驱动负责将 DomainU 的 I/O 请求传递到 Domain0 中的后端驱动，后端驱动解析 I/O 请求并映射到物理设备，提交给相应的设备驱动程序并控制硬件完成 I/O 操作。换言之，虚拟机所有的 I/O 操作都会由虚拟层截获处理；虚拟层保证虚拟机只能访问分配给它的物理磁盘空间，从而实现不同虚拟机存储空间的安全隔离。

### 3. 网络安全

#### 1) 网络平面隔离

图 3-33 为网络平面隔离示意图。

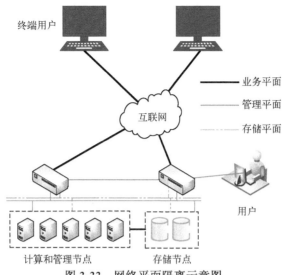

图 3-33　网络平面隔离示意图

（1）业务平面：为用户提供业务通道，为虚拟机虚拟网卡的通信平面，对外提供业务应用。

（2）存储平面：为存储设备提供通信平面，并为虚拟机提供存储资源，但不直接与虚拟机通信，而通过虚拟化平台转化。

（3）管理平面：负责整个云平台的管理、业务部署、系统加载等流量的通信。

2）VLAN 隔离

通过虚拟网桥实现虚拟交换功能，虚拟网桥支持 VLAN tagging 功能，实现 VLAN 隔离，确保虚拟机之间的安全隔离。虚拟网桥负责桥接物理机上的虚拟机实例。虚拟机的网卡 eth0,eth1,…，称为前端（front-end）接口。后端（back-end）接口为 vif，连接到 Bridge。这样，虚拟机的上下行流量将直接经过 Bridge 转发。Bridge 根据 mac 地址与 vif 接口的映射关系进行数据包转发。

Bridge 支持 VLAN tagging 功能，这样，分布在多个物理机上的同一虚拟机安全组的虚拟机实例可以通过 VLAN tagging 对数据帧进行标识，网络中的交换机和路由器可以根据 VLAN 标识进行数据帧的路由和转发，提供虚拟网络的隔离功能。

图 3-34 为 VLAN 组网图，图中 vNIC 指虚拟网卡。

处于不同物理服务器上的虚拟机通过 VLAN 技术可以划分在同一局域网内，同一个服务器上的同一个 VLAN 内的虚拟机之间通过虚拟交换机进行通信，而不同服务器上的同一 VLAN 内的虚拟机之间通过交换机进行通信，确保不同局域网的虚拟机之间的网络是隔离的，不能直接进行数据交换。

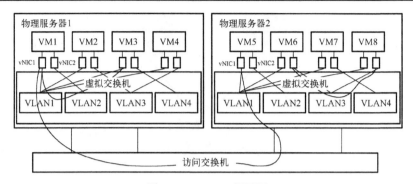

图 3-34　VLAN 组网图

3）安全组

图 3-35 为安全组示意图，图中 SG 为安全组。

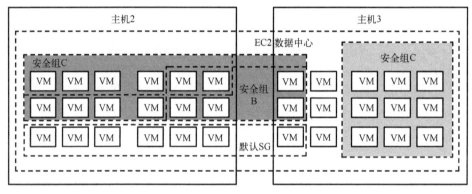

图 3-35　安全组示意图

用户根据虚拟机安全需求创建安全组，每个安全组可以设定一组访问规则。当虚拟机加入安全组后，即受到该访问规则组的保护。用户通过在创建虚拟机时选定要加入的安全组来对自身的虚拟机进行安全隔离和访问控制。同一个安全组中的虚拟机可能分布在多个物理位置分散的物理机上，一个安全组内的虚拟机之间是可以相互通信的，而不同的安全组之间的虚拟机默认是不允许进行通信的，可配置为允许通信。

4）防 IP 及 MAC 仿冒

可通过 IP 和 MAC 绑定方式实现。防止虚拟机用户通过修改虚拟网卡的 IP、MAC 地址发起 IP 及 MAC 仿冒攻击，增强用户虚拟机的网络安全。具体技术能力包括通过 DHCP snooping 生成 IP-MAC 的绑定关系，然后通过 IP 源防护（IP source guard）与动态地址解析协议（address resolution protocol，ARP）检测对非绑定关系的报文进行过滤。

5）DHCP 隔离

支持对虚拟机的 DHCP 隔离，禁止用户虚拟机启动 DHCP Server 服务，防止用户无意识或恶意启动 DHCP Server 服务，影响正常的虚拟机 IP 地址分配过程。

6）广播报文抑制

由网络攻击或病毒发作等引起的广播报文攻击，将会造成网络通信异常，此时可以开启虚拟交换机的广播报文抑制功能。

虚拟机虚端口发送方向 ARP 广播报文和 IP 广播报文，虚拟交换机提供抑制开关以及抑制阈值设置功能。可以通过开启虚拟机网卡所在端口组的广播包抑制开关设置阈值，减少过量广播报文对二层网络带宽的消耗。

4. 运维管理安全

1）管理员分权分域管理

未经授权的用户不能访问系统，经授权的用户不能访问超出其权限的功能，数据不能被非法访问和修改。

管理员通过运维管理界面登录管理云系统，包括查看资源、发放虚拟机等。

系统支持对管理员用户进行访问控制，支持分权分域管理，便于维护团队内分配职责，共同有序地维护系统。

2）账号密码管理

管理员支持设置密码策略，确保密码的保密性。例如，可以设置密码最小长度、密码是否含特殊字符、密码有效时长等。密码在系统中不会明文存储。

3）日志管理

系统必须记录用户的所有操作，以及系统服务运行时的信息，且这些数据必须保持完整，不能被修改或删除。平台支持三类日志：操作日志、运行日志和黑匣子日志。

（1）操作日志。

操作日志记录操作维护人员的管理维护操作，日志内容翔实，包括用户、操作类型、客户端 IP、操作时间、操作结果等内容，以支撑审计管理员的行为，能及时地发现不当或恶意的操作。操作日志也可以作为抗抵赖的证据。

（2）运行日志。

运行日志记录各节点的运行情况，可由日志级别来控制日志的输出。

各节点的运行日志包括级别、线程名称、运行信息等内容，维护人员可以通过查看运行日志，了解和分析系统的运行状况，及时地发现和处理异常情况。

（3）黑匣子日志。

黑匣子日志记录系统严重故障时的定位信息，主要用于故障定位和故障处理，便于快速恢复业务。其中计算节点产生的黑匣子日志汇总到日志服务器统一存放，而管理节点、存储节点产生的黑匣子日志本地存放。

4）传输加密

管理员访问管理系统，均采用超文本传输安全协议（hypertext transfer protocol secure，HTTPS）方式，传输通道采用安全套接字层（secure socket layer，SSL）加密。

5）数据库备份

为了保证数据安全，必须对数据库进行定期的备份，防止重要数据丢失。

数据库支持本地在线备份方式和异地备份方式。

（1）本地备份。

数据库每天定时执行备份脚本并完成备份。

（2）异地备份。

数据异地备份到第三方备份服务器。

6）Web 服务安全

各 Web 服务具有的安全功能如下所示。

（1）自动将客户请求转换为 HTTPS。

Web 服务平台能够自动地把客户的请求转向 HTTPS 连接。当用户使用 HTTP 访问 Web 服务平台时，Web 服务平台能自动地将用户的访问方式转向为 HTTPS，以增强 Web 服务平台访问安全性。

（2）防止跨站脚本攻击。

跨站点脚本攻击是指攻击者利用不安全的网站作为平台，对访问本网站的用户进行攻击。

（3）防止 SQL 注入式攻击。

SQL 注入式攻击是指攻击者把 SQL 命令插入 Web 表单的输入域或页面请求的查询字符串，欺骗服务器执行恶意的 SQL 命令。

（4）防止跨站请求伪造。

跨站请求伪造是指用户登录 A 网站且在 Session 未超时情况下，同时登录 B 网站（含攻击程序），攻击者可在这种情况下获取 A 网站的 Session ID，登录 A 网站窃取用户的关键信息。

（5）隐藏敏感信息。

隐藏敏感信息防止攻击者获取此类信息攻击系统。

（6）限制上传和下载文件。

限制用户随意上传和下载文件，防止高安全文件泄露，以及非安全文件被上传。

（7）防止 URL 越权。

每类用户都会有特定的权限，越权指用户对系统执行超越自己权限的操作。

（8）登录页面支持图片验证码。

在 Web 系统的登录页面，系统随机生成验证码，只有当用户名、密码和随机验证码全部验证通过时，用户才能登录。

（9）账号密码安全。

Web 账号和密码满足系统账号密码安全原则。

### 3.6.2　基于角色的访问控制

Ferraiolo 和 Kuhn 在 1992 年提出了基于角色的访问控制(role based access control，RBAC)，并对此做了许多研究。RBAC，通过角色使用户与访问权限实现了逻辑分离，通过对角色的权限分配来最终达到访问控制的要求[20]。

身份认证与权限控制功能，是当前系统安全领域访问控制的一个研究热点，而当前主流的技术是 RBAC。RBAC 技术的基本概念有角色、角色基数、角色继承和会话。

角色是 RBAC 技术中最核心的概念，是系统用户与操作权限之间的映射关系。

角色基数是对角色的限制条件，表示该角色能被指派的最大用户主体数量，如系统管理员角色的基数为 1，表示系统中系统管理员只能有 1 名。

角色继承体现了不同角色之间的关系，如果一个角色 1 继承了另一个角色 2，同时用户分配了角色 1，那么被继承角色 2 也同时被授予给该用户主体。

会话表示的是单次对系统操作的过程，角色只在会话期间才被激活，到会话终止时角色也将被收回。

在系统给用户分配角色时，需要注意的是最小权限原则，也就是只给用户分配其所需功能的最小权限集合，才能最大限度地限制用户进行危险和未授权功能操作，降低系统的潜在威胁。在最小权限原则的基础之上，为了防止用户拥有超过其责权范围之外的能力，需将职责进行分离。两个角色不能同时授予同一个用户，如果一个用户被授予冲突集合中的某一个角色，那么必须禁止该用户被授予冲突集合中的其他任何角色。

对于自主地面系统，常用的用户有两类，一类是系统内部工作人员，负责系统的运行、维护、升级等工作；另一类是外部用户，通过系统提供的访问接口进行系统中数据的查询检索、提交对地观测需求并获取数据。这两类用户中系统内部工作人员所使用的功能涵盖了外部用户所使用的功能，不但需对系统内部进行操作，出于测试等需要，还需使用外部用户的功能。

### 3.6.3　系统审计功能（自保护）

在分布式计算系统中，系统安全还有一个很重要的部分就是审计功能[21]，审计一词源于会计学，审计是独立检查会计账目，监督财政财务收支真实、合法、效益的行为。IT 界将审计定义为产生、记录并检查按时间顺序排列的系统事件记录的过程。审计的具体目标包括以下几种。

（1）详细记录所有软件系统用户操作行为及网络访问的相关数据。

（2）能够评估安全保障机制的实施效果。

（3）发现和定位合法用户为越过安全机制而进行的一些异常举动，并采取相应控制措施。

（4）有效地发现非法越权用户及定位其越权行为。

（5）提供电子证据来证明发生了违反系统安全策略的行为或企图。

（6）能够帮助发现与排除系统存在的安全漏洞和潜在的安全威胁。

（7）如果系统受到恶意破坏，那么可以帮助损失评估和系统恢复。

对于系统安全的等级，我国信息安全国家标准《计算机信息系统安全保护等级划分准则》中有着明确的规定。其中的五个等级，从第二级开始就对审计有所要求，规定了要审计的事件及要记录的事件具体信息。事件包括身份鉴别事件，将客体引入用户地址空间（如打开文件、程序初始化），删除客体，由用户实施的行为动作，以及其他与系统安全相关的事件等。要求记录的信息包括：事件时间戳、主体、客体、事件类型、事件结果等[22]。

对于自主计算系统的自保护需求，要求系统在出现异常及出现未经授权的活动时要能准确地定位问题所在，并能自动地进行相应的纠正措施。这一功能的实现方法当前主要有三类[23]。

（1）基于规则库的方法。

规则库方法也称模式匹配法，该方法是根据已有系统的功能和已知异常行为等制定规则库，事先确立应对规则，在发生异常时进行特征库的匹配，根据匹配结果进行相应处理。该方法较为成熟，算法也相对简单，实时性好，可扩展性也很好，在入侵检测系统中经常使用，但是只能应对已知的情况。

（2）基于统计的方法。

基于统计的方法根据历史审计记录来定义正常的行为，若系统在运行时某项特征值与历史平均数值差异较大，就可认为系统出现异常或潜在异常。通常可用作特征值的参数有系统登录与注销时间、软件资源占用情况、系统网络流量等。该方法在进行定期的统计学习后，具有一定的自学习能力，可以在一定程度上适应系统的变化，但实时性不高。在实际使用中较为成熟的分析方法有基于专家系统的方法和基于模型推论的方法等。

（3）基于自学习的方法。

前两种方法的共同缺点是自学习能力差，对系统变化不能迅速地做出反应，因此基于机器自学习的方法是近年来研究的热点。例如，利用大数据量数据挖掘、神经网络分析等方法，通过分类、关联规则、时间序列分析等手段可使系统自学习能力得到提高，能自动产生异常检测模型。但是这类方法相对复杂，实时性也较差。

因此在自主计算系统中，要实现系统的自保护，不能局限于一类方法。可以考虑先进行规则库的建设，在基于规则的前提下，根据系统的统计特征及数据挖掘结果等，定期地对规则库进行更新与调整，以期尽量灵活地适应系统的变化与发展。

自主系统中的异常通常包括用户行为异常与系统业务异常两大类，系统业务异常由系统的自配置与自优化特性来考虑。在本书所设计的特定系统中，主要考虑用户行为异常。在正常的系统运行过程中，不同的用户进行不同的操作，实现不同的业务功能，总体看来，其行为规律在一定时间内可以认为是不变的，在具体的用户和具体的时间范围内可能出现一定的个性化。从这个角度考虑，用户的行为异常通常包括以下几方面。

(1)登录异常：未通过正常途径登录系统，如未在规定的时间、地点登录系统。

(2)账号异常：系统中出现未经注册的用户名，或账号权限未经授权被改变。

(3)用户操作异常：用户执行了未被授权的操作，或用户活跃度出现明显改变、用户占用资源出现明显变化等。

(4)网络传输异常：某用户登录期间网络流量发生突然增加的变化。

(5)命令频繁执行：在较短时间内某命令或操作频繁执行，如登录操作等。

## 3.7　系统自主容错

### 3.7.1　自主容错需求

计算机系统的容错(fault tolerant)性指的是系统面对来自内部或者外部的故障威胁仍然能够保持正常工作的能力，国外也常称为故障掩盖(fault masking)。在分布式计算系统中，面对数量众多的计算节点，同时每个节点上均承载了比平时单个计算机更繁重的计算和 I/O 压力，如何进行自主容错是遥感卫星地面系统设计中的一个重要主题，即当系统发生故障时，它的可用性、机密性和完整性等性能应尽量地不受破坏或少受破坏，并且能够自主进行故障定位、重构和恢复。

一般采用可靠性(reliability)、可用性(availability)和可维护性(maintainability)来定义系统的容错性，其中可靠性指的是在错误存在的情况下，系统提供持续服务的能力；可用性反映的是系统随时可被用户使用的特性；可维护性指的是系统从故障状态恢复到正常状态的能力。由于能力是一个较为宽泛的概念，可以使用持续时间将其进行量化，即得到了衡量系统容错性的三个指标。

(1)平均无故障时间(mean time to failure，MTTF)，系统无故障正常运行的平均时间。

(2)平均故障间隔(mean time between failure，MTBF)，系统两次相邻故障之间

的正常运行的平均时间。

(3) 平均修复时间(mean time to repair,MTTR),系统从发生故障到恢复正常运行的平均时间。

系统运行状态示意图如图 3-36 所示。其中, $\mathrm{MTTF} = (T_{r1} + T_{r2} + \cdots + T_{rn})/n$ , $T_{rn}$ 代表系统正常运行时间长度,用于衡量系统的可靠性; $\mathrm{MTTR} = (T_{f1} + T_{f2} + \cdots + T_{fn})/n$ , $T_{fn}$ 代表系统故障时间长度,用于表示系统的可维护性;系统的可用性通常表示为正常运行时间占总时间的比例,即正常运行时间/(正常运行时间+故障时间), $\mathrm{MTTF}/\mathrm{MTBF}$ ,其中 $\mathrm{MTBF} = \sum_{i=1}^{n}(T_{ri} + T_{fi})/n$ 。

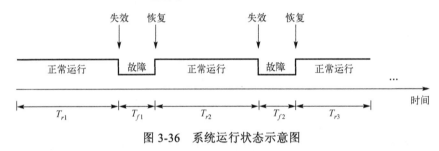

图 3-36 系统运行状态示意图

在大型的集群分布式系统中,常见的故障类型有以下几种。

(1) 崩溃性故障。服务器崩溃和磁盘失效是典型的崩溃性故障,一旦服务器发生停机,将不再提供任何服务,发生故障的磁盘也无法再进行数据的输入输出。

(2) 遗漏性故障,表现为服务器对输入的请求没有响应,可细分为接收性遗漏和发送性遗漏,网络失效是导致遗漏性故障的主要原因。

(3) 时序性故障,即服务器对请求的响应没有按照特定的时间间隔进行。

(4) 响应故障,包括值错误故障和状态转换错误故障,指的是服务器输出了错误的响应值或者背离了正确的控制流程。

(5) 随意性故障,即拜占庭故障。拜占庭故障是指服务器在随意的时间产生随意的输出,可以看作分布式系统在算法执行过程中的任意一个错误,当其发生时,系统可能会做出任何不可预料的反应。

根据时间对上述系统故障进行分类,又可以分为永久性故障、间歇性故障和偶然性故障:①永久性故障是指永远持续下去直至修复的故障,如服务器崩溃和磁盘失效;②间歇性故障是短暂的却是断续的,它既有其偶然性,又有其不定期的重复性,如拜占庭故障和网络失效;③偶然性故障的出现具有偶然性,是暂时的,而且可能是非重复性的。

本书主要讨论如何基于自主系统自配置、自优化、自修复、自保护的特点实现系统的自主容错,以预防和解决上述这些故障。

## 3.7.2　自主容错的实现方法

容错系统的设计思路主要是冗余思想,即出于系统安全和可靠性等方面的考虑,人为地对一些关键部件或功能进行重复的配置,当系统发生故障时,如某一设备发生损坏,冗余配置的部件可以作为备援,及时介入并承担故障部件的工作,以减少系统的故障时间。冗余设计可以是层次级别的冗余设计,也可以是系统级的、子模块或功能上的冗余设计。从增加冗余资源类型的角度看,可以分为硬件冗余、软件冗余、信息冗余和时间冗余。

(1)硬件冗余。

硬件冗余是通过硬件的重复使用来增加容错能力的,有以下几种。

①电源冗余。高端服务器产品普遍采用双电源系统,这两个电源是负载均衡的,即在系统工作时它们同时为其提供电力,当一个电源出现故障时,另一个电源会立即承担所有的负载。目前部分服务器系统实现了直流电源的冗余,或者直流和交流电源的全冗余。

②存储子系统。存储子系统是整个服务器系统中最容易发生故障的地方,可以通过以下几种方法实现冗余。

(a)磁盘镜像,将相同的数据分别写入两个磁盘中。

(b)磁盘双联,为镜像磁盘增加一个 I/O 控制器,形成了磁盘双联,使总线争用情况得到改善。

RAID 由两个以上的磁盘组成,通过一个控制器协调运动机制使单个数据流依次写入磁盘中,有 RAID10、RAID01、RAID0、RAID5 等级别。如果一个磁盘发生故障,可以在线更换故障盘,并通过另外的磁盘和校验盘重新创建新盘上的数据。

③I/O 卡冗余。对服务器来说,I/O 卡冗余主要指网卡和硬盘控制卡的冗余。网卡冗余是指在服务器中插上多个网卡。冗余网卡技术原为大型机及中型机上的技术,现渐被 PC 服务器所使用,多个网卡可以共同承担网络流量,且具有容错功能。

④CPU 冗余。系统中主处理器并不会经常出现故障,但对称多处理器(symmetric multi-processor, SMP)能让多个 CPU 分担工作以提供某种程度的容错。

(2)软件冗余。

其主要目的是提供足够的冗余信息和算法程序,使系统运行时能够及时地发现程序设计错误并采取补救措施,其基本思想是用多个不同软件、程序执行同一功能,利用软件设计差异来实现容错,提供软件可靠性。

(3)信息冗余。

其是从数据准确性的角度,利用在数据中附加一部分信息位来检测或纠正信息,从而校验出在运算或传输中的错误而实现容错效果。在通信和计算机系统中,常用的一些可靠性编码有奇偶校验码、循环冗余码、汉明码等。

(4)时间冗余。

其是通过消耗时间资源来实现容错的,其基本思想是进行重复运算以检测故障。按照重复运算是在指令级还是程序级分为指令复执和程序复算。指令复执是在指令级复算,当指令执行的结果送到目的地址时,如果这时有错误恢复请求信号,那么重新执行该指令。程序复算是在程序级复算,常用程序回滚技术实现。将机器运行的某一时刻定义为检查点,如即将安装新软件前的一个时刻,此时检查系统运行的状态是否正确,然后不论正确与否,都将这一状态存储起来,之后一旦发现运行有故障,就可以选择返回到指定的一次系统还处于正确状态的检查点。

自主容错的实现方法主要包括自动侦测、自动切换、自动恢复。

1. 自动侦测

自动侦测系统中的故障是实现自主容错系统的重要环节。如果故障未能及时准确地检测出来将严重地影响系统的可用性,同时如果经常发生虚警而使系统产生不必要切换将显著地降低系统的运行效率,甚至导致关键数据的丢失。

系统运行过程中自动通过专用的侦测线路和软件判断系统运行情况,检测系统的软硬件单元是否存在故障,及早地发现可能会出现的错误和故障,进行判断与分析。侦测程序需要检查主机硬件(包括处理器、内存、硬盘、外设部件等)、主机网络、操作系统、数据库、关键应用程序等。

为了保证侦测的正确性,防止错误判断,系统可以设置安全侦测时间、侦测时间间隔、侦测次数等安全系数,通过专用侦测线路,收集并记录这些数据,做出分析处理。常见的自动侦测技术有心跳技术和 agent 技术。

1)心跳技术

目前高可用系统中普遍采用此技术来监测系统的工作状态。节点之间通过容错的双网或者专用侦测网络互相定时发送心跳信号,每个主机上的监测进程通过一定时间内是否收到足够的心跳信号来判断对方系统是否已经发生故障。采用专用侦测网络可以有效地预防系统负载较重时影响心跳信号而产生虚警。常见的心跳机制有周期监测心跳机制和累计失效监测机制。

(1)周期监测心跳机制。

设定一个超时时间 $T$,目标主机每间隔 $t$ 秒发起心跳,接收方采用超时时间 $T(t<T)$ 来判断目标是否失联,只要 $T$ 之内没有接收到对方的心跳信号便可认为对方宕机,方法简单有效,使用比较广泛。然而超时时间 $T$ 的选择依赖当前网络状况、目标主机的处理能力等很多不确定因素,在实际操作中常通过测试或估计的方式为 $T$ 赋予一个上限值。上限值设置过大,会导致判断迟缓,但会增大判断的正确性;过小,会提高判断效率,但会增加误判的可能性。由于存在网络闪断、丢包和网络拥塞等

实际情况，在工程实践中，一般连续多次丢失心跳才可以认定故障发生。

(2) 累计失效监测机制。

随着网络负载的加大，心跳的接收时间可能会大于上限值 $T$；但当网络压力减少时，心跳接收时间又会小于 $T$，如果用一成不变的 $T$ 来反映心跳状况，那么会造成判断迟缓或误判。累计失效监测可以较好地解决这一问题，基本工作流程如下：①对于每一个被监控资源，监测器记录心跳信息到达时间；②计算在统计预测范围内的到达时间的均值和方差；③假定已知到达时间的分布，可以计算出心跳时延的概率，用这个概率来判断是否发生故障即可。

2) agent 技术

心跳技术一般只用于监测整个系统的正常情况，agent 技术则用于监测系统中各个不同的功能部件的工作状态。不同的应用所依赖的系统功能也可能不同。当系统某个功能部件故障时，有的应用可能已经无法继续进行而有的应用却根本不受影响，因此需要针对特殊应用来设计 agent。

在分布式系统中，agent 可以看作持续自主发挥作用的，具有自主性、交互性、反应性和主动性的活着的计算实体。agent 具有属于其自身的计算资源和行为控制机制，能够在没有外界直接操纵的情况下，根据其内部状态和感知到的环境信息，决定和控制自身的行为，并且能够用 agent 通信语言与其他 agent 实施灵活多样的交互与协同工作，可以随时感知所处的环境，并对相关事件做出适时反应，同时遵循承诺采取主动行动，表现出面向目标的行为。

在自主容错系统实际研发过程中，为了更好地定位故障的种类，可以采用心跳技术和 agent 技术相结合的异常发现策略，即正常情况下采用心跳技术，计算节点并定时发送心跳消息给管理节点。若管理节点在阈值之后仍未收到心跳消息，则向计算节点主动发送连接，如果接收到反馈，那么说明物理链路正常；如果连接失败，那么认为该计算节点失效。

**2. 自动切换**

对于软硬件系统不同的故障类型，自动切换的方式有所不同，常见的方式有自动替代、快速重启。

1) 自动替代

针对由于硬件原因发生的故障，为了保证最大化系统部件的可用性和最小化故障修复时间，可以选择利用冗余资源对异常节点进行替代。在系统的架构中可以采用多种冗余设计方案，如 $N$ 冗余或者 $N+M$ 冗余。$N$ 冗余系统($2N$、$3N$、$5N$ 等)采用每个独立故障区域配置多套相同资源的方式，最简单的就是 $2N$ 冗余方式。$N+M$ 冗余是为一组资源准备了若干备份，最简单的是 $N+1$ 冗余。这两种冗余方式既可以是元件级的冗余，也可以是整个系统级的冗余。

自动替代分为自动定位、自动隔离、自动切换三个步骤。系统先不断地缩小故障范围直至找到失效节点，当确认某一节点出错时，立即让其中断与系统的一切互联，自动切换到对应的备用节点。备用节点的接管工作包括系统环境(操作系统平台)、网络连接、文件系统、数据库和应用程序等。

2)快速重启

对于软件系统或者部分硬件系统，如果能够快速重启并恢复到失效前的状态，则选择快速重启方式。快速重启的模式有以下三种：热重启、暖重启和冷重启。

热重启的恢复时间最快，但也最难实现。在热重启模式下，系统可保存当前运行的状态信息，并将该信息传给备份部件，以实现快速恢复。系统具备利用这些状态信息实现系统重启动的能力。热重启系统中需要在故障管理事件之前预先指定备份部件，这在 $2N$ 系统中最为明显，因为该系统的部件与备份部件是一一对应的。而在 $N+1$ 系统中，热重启要求备份部件保存多个运行部件的状态信息，因此备份部件就必须具有额外存储能力，否则就必须采用暖重启模式。

暖重启与热重启类似。在暖重启模式下，系统保存当前运行的状态信息，在执行故障管理时指定备份部件。备份部件需配置必要的应用程序和状态信息，这增加了重启时间，但能降低备份部件的成本。在备份部件与现行部件不完全相同的系统中，更易实现暖重启。

冷重启是最易于实现的，但需要的重启动时间也最长。冷重启意味着备份部件对故障部件的运行状态一无所知，备份部件只能从初始化状态开始，所以需要更长的启动时间，并以丢失系统所有当前的运行状态信息为代价。

3. 自动恢复

在故障节点被替换或者重启后，采用自动恢复技术及时进行修复，以便在恢复正常后可重新加入系统提供服务。

故障恢复模式一般包括向前式恢复(forward recovery，FR)和向后式恢复(backward recovery，BR)。

在向前式恢复中假定系统可以完全准确地得到系统中的故障和损失的性质，然后采用及时容错的方式处理发生的故障，让系统恢复正常状态，继续向前执行。向前式恢复的故障处理方式实时性较高，故障带来的损失也比较小，并且由于不需要周期性地保存系统信息，系统开销很小，是一种及时、高效的恢复方式。但是由于分布式系统可能出现的故障类型较多，要实现一个全面准确的错误检测机制是比较困难的，而且向前式恢复只能针对确诊的错误，因此，向前式恢复常常针对一个具体的分布式系统进行设计，通用性较差。

　　向后式恢复主要适用于系统的故障无法预知和去掉的情况,具有较好的通用性。向后式修复的核心思想是将发生故障的系统恢复到一个先前的正常状态,并在此状态下重新执行。向后式恢复要求系统周期性地记录系统的正常状态信息,一般称其为检查点。在以后发生故障的情况下,系统可以被恢复到这些点,一般采用两种方法来保存检查点:①检查点被组播到每个备份模块;②每个检查点被保存在稳定存储器中,以免在故障发生时丢失。当系统正确地从一个旧的检查点运行到一个新的检查点时,旧的检查点就要被新的检查点替换,当系统执行到两个检查点之间时发生故障,则应回滚到旧的检查点处执行。此外,在分布式系统环境中,还需要进一步考虑检查点的更新和一致性问题。

# 参 考 文 献

[1]　邓宝松, 孟志鹏, 义余江, 等. 对地观测卫星任务规划研究[J]. 计算机测量与控制, 2019, 27(11): 130-139.

[2]　廖备水, 李石坚, 姚远, 等. 自主计算概念模型与实现方法[J]. 软件学报, 2008, 19(4): 779-802.

[3]　Aoyama M. Web-based agile software development[J]. IEEE Software, 1998, 15(6): 56-65.

[4]　Mens T, Eden A H. On the evolution complexity of design patterns[J]. Electronic Notes in Theoretical Computer Science, 2005, 127(3): 147-163.

[5]　Reiko H, Rui C, Carlos M, et al. Architectural Transformations: From Legacy to Three-tier and Services[M]. Berlin: Springer, 2008.

[6]　Bell M. Service-Oriented Modeling: Service Analysis, Design, and Architecture[M]. Hoboken: Wiley Publishing, 2008.

[7]　Rodgers P. The term 'micro web services': An introduction[C]. Web Services Edge Conference, Boston, 2005.

[8]　Lewis J, George F. Microservices: A modular approach to software development[C]. Proceedings of the 33rd Degree Conference, Kraków, 2012.

[9]　Cockcroft A. Microservices: A fine-grained SOA approach[EB/OL]. [2021-09-15]. https://en.wikipedia.org/wiki/Microservices.

[10]　Newell A, Shaw J C, Simon H A. Report on a general problem solving program[C]. Proceedings of the International Conference on Information Processing, New York, 1959: 256-264.

[11]　Forgy C L. Rete: A fast algorithm for the many pattern/many object pattern match problem[J]. Artificial Intelligence, 1974, 19(1): 17-37.

[12]　刘江宁, 吴泉源. 产生式系统模式匹配算法分析[J]. 计算机工程与科学, 1995(1): 14, 32-39.

[13] 张海俊. 基于主体的自主计算研究[D]. 北京: 中国科学院研究生院(计算技术研究所), 2005.

[14] Modafferi S, Mussi E, Maurino A, et al. A framework for provisioning of complex e-services[C]. Proceedings of the IEEE International Conference on Services Computing, Shanghai, 2004.

[15] 曹刚. PID 控制器参数整定方法及其应用研究[D]. 杭州: 浙江大学, 2004.

[16] Kephart J O, Chess D M. The vision of autonomic computing[J]. IEEE Computer, 2003, 36(1): 41-50.

[17] 殷跃鹏, 郭长国, 李小玲, 等. 基于事件的分布式系统行为分析框架[J]. 微电子学与计算机, 2010, 27(8): 70-73, 76.

[18] 顾军, 罗军舟, 曹玖新, 等. 一种基于执行力模型的服务平台自主控制方法[J]. 计算机学报, 2012, 35(2): 2282-2297.

[19] Kavulya S P, Joshi K, di Giandomenico F, et al. Failure Diagnosis of Complex Systems, Resilience Assessment and Evaluation of Computing Systems[M]. Berlin: Springer, 2012: 239-261.

[20] Sandhu R, Coyne E J. Role-based access control models[J]. IEEE Computer, 1996, 29(2): 38-47.

[21] 程妍妍. 美军云计算安全策略发展及启示[J]. 国防科技, 2019, 40(1): 51-57.

[22] 苏雪飞. 服务器虚拟化技术及安全策略[J]. 科技创新导报, 2019, 16(9): 135-136.

[23] 李雯, 彭吉琼. 计算机网络建设中的安全策略问题核心思路分析[J]. 科学技术创新, 2019(35): 53-54.

# 第4章　具有自主特征的遥感地面系统通用化设计

## 4.1　顶　层　设　计

### 4.1.1　系统分层设计

在系统设计时，应明确最顶层的框架，通常采用分层设计的方法，在本设计中，由于系统特性集中在系统的自主性上，将系统分为三层，即表现层、业务层和持久层。

表现层为系统的用户交互界面，负责用户对系统的操作、配置等功能，其实现形式有 C/S（客户端/服务器）和 B/S（browser/server，浏览器/服务器）等方式。由于表现层通常与具体的业务功能和用户需求相关性较大，在本书中不做着重叙述。

持久层为系统的底层数据支持，包括了对大数据的管理和空间数据管理等内容。通常使用数据库与文件系统的方式对数据进行管理，由于在遥感卫星地面系统中，数据的空间信息尤其重要，因此还必须使用特定的空间数据库对空间数据进行管理，虽然其管理的实现最终还是依托于关系数据库，但应单独进行设计与实现。

业务层主要实现系统的各种功能，从持久层到业务层到表现层为直接依赖关系。系统顶层结构图如图 4-1 所示。

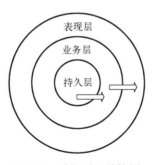

图 4-1　系统顶层结构图

需要着重进行设计的是业务层，从具有自主特性的角度来进行分层设计，系统又分为元业务层、服务层、规则层、流程层四层。

如图 4-2 所示，元业务层包括了所有按照模块开发的具体业务单元，如图像灰度统计、图像重采样、图像坐标变换等一系列基础性图像处理操作，还包括服务地址查询、空间数据检索等服务性操作。

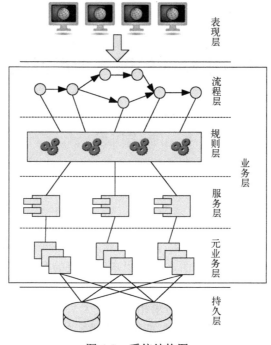

图 4-2　系统结构图

服务层将元业务层所实现的功能进行包装，实现具备统一调用接口与通信机制的服务，服务层可以实现单个元业务的功能，也可以将多个元业务进行组合实现更高层次的功能。

规则层描述了系统的业务组件按照何种规则进行组织协作，也描述了在自主系统中系统运行时所遇到的各种情况的对应措施，是系统自主特征的具体体现。其内容由知识库与规则引擎来实现，事先存储了领域专家所具有的专业知识，可以看作专家系统的一个子集。

流程层为常用的业务流程事先定义模板，可以根据表现层的需求对流程进行动态调整。

## 4.1.2　系统分布式设计

在分布式系统的设计中，若按照服务提供的机制来分类，则有两大类系统构型，即 P2P 架构和主从式架构。图 4-3 为主从架构和 P2P 架构对比图。

P2P 又称对等网，其含义为网内的节点在地位上是平等的，均可以发起通信请求。其实从最基本、最常用的 TCP/IP 协议来说，并无主从或客户端/服务器的概念，随着互联网技术的发展，才逐渐发展出客户端/服务器及浏览器/服务器等模式。

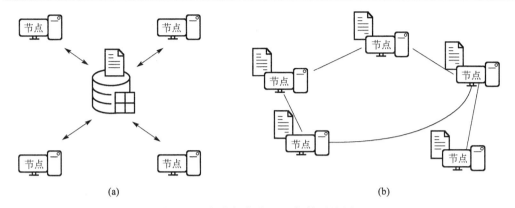

图 4-3　主从架构和 P2P 架构对比图

按照是否有中央服务器来分类，P2P 网络可以分为混合式和分散式两大类。在混合式 P2P 网络中，有中央服务器存在，作为整个 P2P 网络的索引服务器。节点在有通信需求时，通过中央服务器的索引进行查询，获取建立连接的必要信息，数据的传送只在节点之间进行，不通过中央服务器。而分散式 P2P 网络没有中央服务器，当节点有通信需求时，通过一定的算法在网络中自动地搜索其他节点，建立连接进行数据传输。这两种类型各有利弊，混合式 P2P 网络易于管理，发现目标节点速度快，但网络存在单点故障，若中央服务器失效，则导致整个网络的瘫痪。分散式的 P2P 网络不存在单点失效问题，节点的加入与退出不会对网络造成显著的影响，但在应用上具有一定局限性。受搜索算法的影响，分散式网络的节点无法了解整个网络的状况，即无法发现网络中的所有节点。另外，搜索算法运行速度对网络的应用效能有着直接的影响。当前 P2P 网络广泛地应用在即时通信、文件共享、协同工作、对等计算、搜索、存储、游戏等多个方面。

主从式架构即最为常用的 C/S 架构和 B/S 架构，这两种架构的工作模式都是客户端/浏览器向服务器端发送请求，服务器端在经过处理后向客户端/浏览器反馈处理结果。这两者之间的区别在于 C/S 架构中客户端通常也具有一定的处理能力，但需要部署客户端软件，在具备一定的处理能力，减轻服务器压力的同时，也付出了牺牲灵活性的代价。而 B/S 架构中的浏览器可以看作瘦客户端，只具有非常有限的能力，更多的是起到展现和交互的作用。所有的计算均放在服务器上，虽然给服务器带来了很大压力，但系统部署更具灵活性。

与传统的分布式计算系统略有不同的是遥感卫星地面系统是以服务器为主的计算密集型系统，服务器的数量要远多于客户端的数量，客户端通常负责系统的人机接口，兼顾少量的本地运算。因此，单一的传统 P2P 结构或主从式结构并不能完全满足系统的需求，在本书中，系统被设计成 P2P 与主从式混合的体系结构。分布式计算系统最重要的底层通信结构被设计成 P2P 的形式，每个节点在启动、工作、结束时，均按照分散式 P2P 的结构来工作，因而可以保证整个系统能够自主地保持节点结构的完整性和正确性。而业务流程工作、服务注册、人机交互等方面仍采用传统的 C/S 架构和 B/S 架构进行设计，以保证控制流、数据流的实时性，以及良好的人机体验。

## 4.2　系统构建基本原则

### 1. 系统实现原则——强隔离

不论是集中式还是分布式软件系统，软件模块出错都是不可避免的，这其中有系统设计的因素，有程序编写的因素，有人为操作的因素，甚至还有环境因素如温湿度等。但一个设计良好的系统，需要在单元模块出错时不会出现故障的蔓延，不至于影响系统业务功能和整个大系统的运转。

要达到这个目的，需要对软件进程进行隔离，每个单元任务都由一个强隔离的进程来执行，进程之间不适用任何共享、远程调用等方式，只通过消息传递进行通信。这种强隔离的进程不仅可以更真实地描述现实世界的信息处理过程，还成为软件发生错误时保护系统的有力模型。

### 2. 系统运行原则——工作者 vs 监视者

尽管系统中各个业务模块均采用强隔离方式独立运行，仍然可能出现异常，进而出现死锁、活锁等状态，导致不能完成正常的业务处理。但由于业务处理都在一个个强隔离的进程中，防止一个进程出错会传播到其他进程的情况。业务处理进程可以称为工作者，业务处理进程的运行状况由另外专门的进程来看护，称为监视者。工作者和监视者组成一个层次化的监督模型，使得一个进程发生故障时，整个系统可以做出相应的调整，保障系统最大限度地提供服务。

在单个节点中进程是如此，在系统中节点也是如此，有工作节点和监视节点。如果工作节点出现问题，那么监视节点会发现，但很难做到排除故障或重启，只能向操作员报告，由操作员来决定如何处理。

### 3. 模块设计原则——原子化

在大系统中，由于涉及的业务功能非常多，需要对系统软件进行模块化设计，其必要性和优点不再赘述。但有一点是所有模块化软件系统都需要考虑的，那就是模块设计时的粒度问题。若系统设计粒度过大，则模块因包含的功能太多而很难被复用；若粒度设计过小，则要实现业务功能需要过多的模块，反而增加了系统的复杂性，得不偿失。Gray 在文献[1]中做过相关描述，他说："与硬件系统一样，软件的容错性关键在于把大的系统逐级分解成模块，每一个模块既是提供服务的最小单位，也是发生故障的最小单位，一个模块的故障不会传播到模块之外"。

因此，模块粒度是设计时的关键问题，这就需要在设计系统时对系统业务需求进行详尽的分析，尽量使得模块具有原子性，但又不至于过小，这样一来既保证了模块被复用的优势，又可以从粒度的角度隔离系统异常，保证整个大系统运行的稳定性。

### 4. 通用部件与插件

通常，在系统中应将多个功能同时具备的部分进行抽象与提取，将软件分为通用部件与插件两部分。在通用部件里尽量地考虑较为完善的异常处理机制，尽量地对插件隐藏容错机制的细节，使得插件可以只负责处理具体业务。这种方式允许插件代码中包含错误，这只会使插件本身失效，不会影响通用部件及其他插件的活动。另外插件可以进行动态的替换，在升级时不影响系统的运行与业务流程。对于分布式系统，插件还可以在网络中自由移动，只要有符合接口规范的通用部件存在，插件在哪里运行并不重要。

一个插件式的应用程序框架应包括宿主程序和插件两部分，宿主程序即上面所提及的通用部件，负责插件对象并进行插件的通信、组织、异常处理等。插件是具体功能的承载者，负责在宿主程序上实现具体的业务功能。宿主程序可以独立于插件对象存，即使没有任何插件对象，宿主程序的运行也不受影响，因此可以在避免改变宿主程序的情况下通过增减插件或修改插件的方式增加或者调整功能。

### 5. 由系统自行修复错误

在采用强隔离方式的系统中，采用工作者和监视者相结合的进程实现方式，可有效地实现系统的自主优化特性，也就是在系统出现异常时，可对错误进行自纠正。系统出现异常通常有两种情况：一种是进程级的，也就是某个节点上的进程出现问题；另一种是节点级的，也就是节点因为硬件原因发生失效或通信故障。

当某进程出现问题时，监视者会发现进程出现问题，包括出错或崩溃，此时监视者可以采取两种处理方法：一种方法是杀死该异常进程，重新启动进程进行计算，继续完成业务功能；另一种方法是在杀死该异常进程后将问题/异常向上报告，也就是分配该任务的节点或进程。

在遇到因硬件问题出现的异常时，将由设备的监视者进行处理。监视者搜索系统中有无设备可替代出问题的硬件。若有，则使用新硬件接管发送至出错硬件的服务请求，力求不影响整个业务的运行；若没有，则查找是否有某服务可以进行替代。若有，则将被中断的服务工作内容发送至新服务继续工作；若没有，则必然有业务将被中断，只能交由操作员进行处理。

### 6. 大系统统一协作

以前的系统在设计时将按照逻辑分为多个分系统/子系统，在之后的研发过程中，基本按照这种分类来切分任务和进行部署。在本书所设计的系统中，系统设计时就需要按照整个大系统目标进行考虑，毕竟有相当部分的工作量是要保证系统自主运行。因此大系统统一协作的思想必须从设计开始直至开发、部署都始终贯彻。

所有的服务包括监视者和工作者的列表都必须有明确的字典进行规定，类似数据库设计中的数据字典。另外，将服务部署到哪个节点中也需要进行登记，这个过程可以由系统自行动态完成，也可以在系统完善的初级阶段由人工完成。但是若要保证系统的自主长期运行，服务的自动部署与登记是必需的。

系统在需要完成某业务功能时，主要的实现方式为服务 $A$ 若需要某种功能的服务，向服务注册中心提交查询与匹配请求，服务注册中心根据需求返回查询匹配的结果。服务注册中心可能会匹配出多个结果，则需根据规则进行选择，如选择当前较为空闲的节点 $B$ 上的服务 $C$。若没有获取结果，则反馈系统中无此类服务。服务 $A$ 在获取反馈后直接向节点 $B$ 请求服务 $C$，服务 $C$ 在完成后直接向服务 $A$ 反馈。这种方式为完全松耦合的方式，但实现起来较为烦琐。系统协作过程序列图如图 4-4 所示。

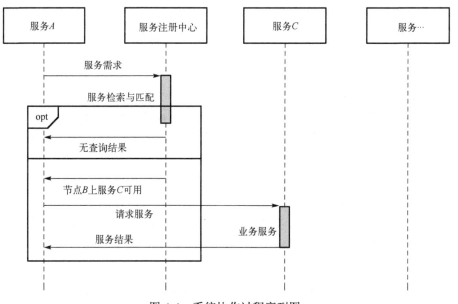

图 4-4　系统协作过程序列图

节点中的部署内容通常难以事先决定，因此在系统运行过程中，需要动态地调配模块部署在哪个节点，或在哪个节点运行。所有的部署工作都要登记，以便注册中心随时掌握整个系统的服务部署情况及可用性。

**7. 系统状态的统一管理**

在遥感卫星地面系统中，要完全实现业务功能，通常需要服务器/客户机的节点在几十台的量级，每个节点上部署不同的服务。在系统运行过程中，不断地产生操作系统的状态、硬件状态、业务流程信息等各种日志与审计信息，为了及时地感知系统状态的变化，需要在很短的时间内刷新软硬件状态信息。虽然业务流程信息的提取频率相对较低，但是需要根据处理过程及时地获取业务状态。另外在计算过程中，各种算法的输出状态也不停地产生，因此系统感受器所获取的系统及外界状态变化的刷新率很高，数据量也随之不断增大。

由于整个自主系统是由多个相对独立的自主单元组成的，系统出现的问题可以在一定程度上自行解决，但这并不代表这些异常信息不需要留存。通过对这些信息的分析，才有可能及时地发现系统的故障并进行修改，也才有可能不断地优化系统自主运行的策略，优化系统运行效率。因此，从整个系统的层面来说，所有的系统状态信息、业务过程信息均需统一地由系统通用事件管理器进行管理与分析，支持系统的不断优化。

# 4.3　系统自主模型

**1. 广义感受器**

在自主系统的基本结构中，或者从基本的 MAPE 过程来说，感受器或者采集器都是必需的也是首先要给予关注的。系统感受外界环境主要关注人、软件及硬件，下面进行详细的介绍。

人或者操作者对于系统的影响从登录系统开始就不断地发生，由操作者带来的影响可分以为两部分：一部分是对系统的配置过程，即调整系统的某种特性，进而影响到整个系统的运转；另一部分是对业务功能的需求，即由人来指挥系统要进行哪些业务，系统随之进行一系列自动或半自动的运算过程，达成操作员的目标。系统软件包括了操作系统软件、业务支撑软件、业务软件三类，目前常用的操作系统软件大多是 Windows 和 Linux 两大类，采用 UNIX 操作系统的系统已经越来越少。业务支撑软件包括最常用的数据库、消息中间件、Web 服务器等，这些软件均为采购的商业软件。业务软件即实现系统业务功能的软件，在具有自主系统特征的遥感地面系统中为具体实现遥感卫星地面系统各项功能的软件。硬件系统包括了常用的服务器、终端、网络设备等。

在系统中将感受器设计为一体化的广义感受器，其分为感受库和采集器。感受库为先验知识的实体形式，其主要作用为存储事先约定的事件，对于未经约定的事件，通常采用自动或半自动形式对感受库进行迭代更新。采集器分为两种，一种是主动采集器，即部署在各节点上的 agent，其具有采集系统硬件设备工作状态的功能，同时监控系统中进程的工作状态；另一种为监听器，通常以 agent 的形式存在，但仅监听，不主动发生动作。由于将进程分为工作者和监视者两大类，此处主动采集监视者的工作状态。

2. 推理机

前面曾经提及，采用汇报机制来进行整个系统的统一管理，除了操作员给予系统的操作或指令，系统所有的状态都将由系统自己进行上报，也就是业务功能模块自行上报的信息或采集器所采集的信息。这些信息将作为推理机的基础，推理出系统即将采取的动作。

当前系统内推理主要有两类。一类是根据用户需求推理出系统的应对措施，即系统应使用什么样的方法来处理用户所需要的产品，该类推理通常内嵌于用户需求分析部分。

另一类是根据系统运行状况，特别是计算服务器的情况来决定任务的分配。通常该类推理用于系统并行计算的策略选择，在同样发布任务的情况下，有的节点会反馈快，有的节点会反馈慢，因此根据节点的实际状况来推理任务的分配策略，可以有效地提高系统运行的效率。该类还可根据系统运行的异常，判断需采取什么样的手段来解决异常。通常最常见的异常是分配的任务无法执行或无反馈，则可以通过 3.5.3 节所描述的过程来推理最佳应对策略。

之前的推理主要是针对地面系统的特殊应用环境而定制的，当前本体技术的应用越来越广泛，推理技术与本体技术也紧密地结合起来，在基于本体的推理技术上展开了多方面的研究。因此若结合推理技术开发专用的遥感卫星地面系统本体，将进一步扩展系统的自主特性。

3. 效用器/动作器

在本书设计的系统中，由于具有流程清晰和大数据量并行处理业务的明显特点，对于环境的改变或者 MAPE 过程的最后应对步骤，基本上有两套处理过程，分别为流程的调整和并行过程的调整。因此当系统出现异常时，基本上都由顶层监视者来处理。

当需要进行流程调整时，顶层监视者根据现有流程情况及出现异常被迫中断的情况，判断是否需要修改流程，或者将整个处理过程进行回滚。随后重新发布失效的处理过程，或者选择新服务并执行新的处理流程。

当并行过程出现异常时，业务流程并不需要进行改变，而只是对单个的并行流程进行重新发布，此时由并行业务的监视者来执行该动作。

4. 部件通信

系统通信时需对通信语言进行定义，相当于现实世界中两个人需要交流，就需要使用同一种语言一样，通过对通信语言的定义，才能实现系统部件间的互相理解。根据自主特性的需求，通信方面的设计需要考虑以下四个方面。

1）通信模型

（1）阻塞 I/O 模型。

阻塞 I/O 模型是在操作系统发起系统调用之后，要等到操作系统内核所有的 I/O 操作完成才返回。阻塞 I/O 模型的内核态调用过程如下：首先操作系统内核调用 recvfrom()方法，调用之后进程进入阻塞状态，等待数据包到达。在数据包到达或者出现错误后，调用完成，代码返回。阻塞 I/O 模型的特征主要是当调用者使用阻塞 I/O 系统调用时，在内核态完成所有 I/O 操作前，调用者会一直在这个点等待，处于阻塞状态。只有在操作系统内核完成了相应的操作之后函数才返回，调用者才能继续执行下面的代码。阻塞 I/O 模型示意图如图 4-5 所示。

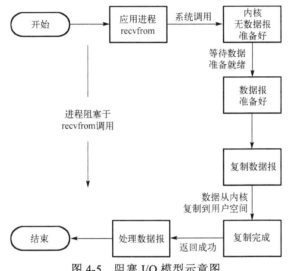

图 4-5　阻塞 I/O 模型示意图

（2）非阻塞 I/O 模型。

非阻塞 I/O 模型是当进程使用非阻塞 I/O 系统调用时，如果系统由于繁忙等不能立即返回相应操作的结果，那么该 I/O 函数会置相应的错误号并且立即返回，而不是和阻塞 I/O 操作一样，等待数据到来。非阻塞 I/O 模型的内核态调用过程如下：当调用 recvfrom()方法时，内核马上给该系统调用返回错误码。当再次调用 recvfrom()方法时，如果操作系统的数据已经就绪，那么会将数据复制到缓存区等待读取，同时 recvfrom()方法返回成功。如果操作系统的数据没有准备好，那么继续返回错误码。非阻塞 I/O 模型示意图如图 4-6 所示。

（3）I/O 复用模型。

I/O 复用模型是将多个阻塞 I/O 绑定到一个 poll 或者 select 上。I/O 复用模型是通过调用操作系统的 select 或 poll 来实现的。首先，模型在收到 I/O 请求之后，将文件描述符传给 select/poll，使得 I/O 操作都阻塞在 select/poll 上。然后，模型轮

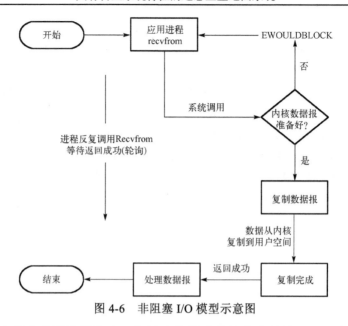

图 4-6　非阻塞 I/O 模型示意图

训 select/poll 上的文件描述符状态，如果文件描述符状态为就绪，那么完成该 I/O 操作并返回。然后，select/poll 依次扫描文件描述符，依次判断文件描述符是否就绪。但是由于 select/poll 所能使用的文件描述符数量有限，因此它在实际使用过程中会有些限制。为了解决 select/poll 顺序扫描效率低下的问题，有一种基于事件驱动方式的系统调用 epoll。由于 epoll 根据事件来查询文件描述符，因此性能会高很多。当有文件描述符的状态就绪时，模型马上执行之前传入的回调函数。I/O 复用模型如图 4-7 所示。

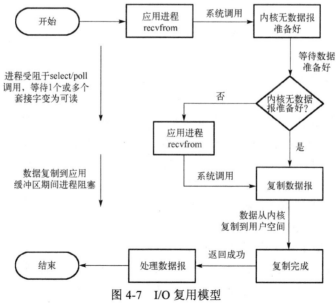

图 4-7　I/O 复用模型

(4)信号驱动 I/O 模型。

信号驱动 I/O 模型是当内核在数据准备就绪时发送 signal 信号通知程序。首先应用程序调用套接口信号驱动 I/O 函数，此时该函数会通过系统调用 sigaction 执行一个信号处理函数。此时，系统调用会立即返回，进程继续执行后面代码，而不是阻塞在这里。当数据准备就绪时，系统就会给该进程发送一个 SIGIO 信号，进程收到信号后发起回调，通知应用程序调用 recvfrom() 来读取数据，并通知主循环函数处理。信号驱动 I/O 模型示意图如图 4-8 所示。

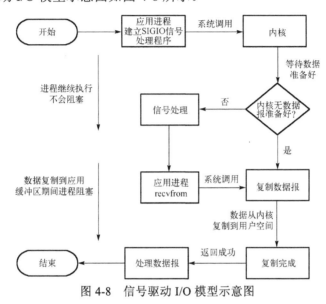

图 4-8　信号驱动 I/O 模型示意图

(5)异步 I/O 模型。

异步 I/O 模型的主要工作机制是告知内核启动某个操作，并让内核在包括数据的复制等整个操作完成后通知进程。信号驱动 I/O 模型是在准备就绪后通知何时可以开始一个 I/O 操作，异步 I/O 模型是在内核完成所有操作后通知 I/O 操作何时已经完成。异步 I/O 模型示意图如图 4-9 所示。

2)承载信息的载体

网络通信需要制定统一的协议，为了提高数据传输效率及节约传输成本，采用序列化/反序列化的方式将其作为承载重要信息的载体。序列化的定义是将对象的状态信息转为可以存储/传输的状态，并使对象可以持久化；而反序列化则是其对应的逆过程，通过读取序列化状态，重新构建该对象。这种方式体现出如下特点。

(1)通用性：可在多种计算机语言中适用，协议不需要针对某种语言而定制。

(2)健壮性：协议自身的开发程度较低或者协议不需要针对平台的某种特性而单独开发。

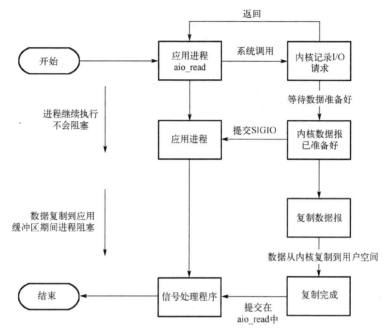

图 4-9 异步 I/O 模型示意图

(3) 可读性：在序列化后可以验证数据的正确性，方便调试的效率。

3) 常见的序列化协议

下面是几种常见的序列化协议。

(1) XML：已成为一种非常成熟且被广泛应用的序列化协议。XML 的设计初衷是作为标记文件，使得文件具备结构性，提高了其可读性特征。

(2) JSON：JSON 源自 JavaScript 的特点，具有使用简单且可读性强的特点。相比于 XML 协议，JSON 的序列化数据所占用的空间更小。

(3) Protobuf：对于数据的序列化非常紧凑，相比于 XML 协议，序列化数据后的占用空间仅为 XML 的 1/10~1/3。同时，对数据的解析速度是 XML 的 10~20 倍。但是支持语言较少。

4) 通信原语

表 4-1 为通信原语表。

表 4-1　通信原语表

| 序号 | 关键字 | 含义 |
| --- | --- | --- |
| 1 | msg_id | 消息唯一编号 |
| 2 | user_id | 发送用户编号 |
| 3 | sender | 发送者别名(机器名、进程名) |

续表

| 序号 | 关键字 | 含义 |
|---|---|---|
| 4 | receiver | 接收者别名(机器名、进程名) |
| 5 | send_time | 消息发送时间 |
| 6 | respond_to | 将结果反馈到指定位置 |
| 7 | language | 消息内容所用语言/协议 |
| 8 | msg_type | 消息类型(request/response/status) |
| 9 | performative | 行为(parse/archive/generate) |
| 10 | recipient | 是否需要发送回执 |
| 11 | result_action | 产生结果后的行为 |
| 12 | action_start | 执行开始时间 |
| 13 | action_duration | 执行时间 |
| 14 | string | 消息内容(格式由 language 决定，长度任意) |

5. 状态机模型

自主系统是由自主单元组成的，自主单元在运行时，主要的状态有空闲态、就绪态和执行态(顺序态+并行态)。图 4-10 为自主单元运行状态机图。

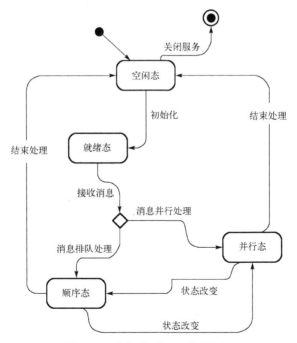

图 4-10　自主单元运行状态机图

自主单元在启动后，进入空闲态，经过必要的初始化后，进入就绪态，就绪态是处于接收消息的状态,在接收消息后进入执行态处理消息。根据消息的内容,执行态可以将自身转换成顺序态或并行态两种状态。顺序态是指对陆续接收的消息进行排队,根据先进先出或优先级等调度策略进行响应。并行态是指对收到的消息进行并行处理。执行态的这两种状态可以互相转换。在收到关闭自主单元的消息后,整理自身状态,结束正在工作的任务,给予相应的反馈,同时处理队列的消息后转入空闲态,随之关闭服务。

### 6. 通用监视者

在具有自主系统特征的遥感地面系统的设计中,每个节点上都是自主单元,自主单元又由自主管理器和被管理资源组成。自主管理器不但管理资源的运行,还担任着监视者的角色。通常,自主管理器根据所接收到的消息来决定调用哪部分资源,提供何种服务,并监督业务服务进程的工作状况,反馈工作进度,并在服务出现异常时重新调用新服务。

此种方式充分地体现了管理与业务的分离方式,管理者只负责调度与监督业务进程的执行情况,业务进程只负责完成具体的业务任务。

## 4.4 系 统 控 制

遥感卫星地面系统虽然种类繁多,但根据其卫星系统能力、应用目标及系统涵盖范围,一般应具备下面6个分系统。

(1)用户服务系统作为向系统用户提供数据获取、产品处理服务的门户,为用户提供数据产品的订购、处理、推送、下载等接口及服务。

(2)载荷运行管理系统负责对卫星进行测控,保障有效载荷正常工作,进行工作指令上注,安排有效载荷开关机及数据传输任务。

(3)数据接收系统负责依据数传接收计划,执行星上记录仪数据的下传接收任务,存储星上有效载荷成像原始数据。在配套建设的卫星地面系统中,数据接收系统往往在数据接收环节也承担接收数据的帧同步及解密处理工作。

(4)产品生产及管理系统获取接收系统接收的原始数据,对其进行辐射校正、系统几何校正等处理,生产2级产品,并可以依据用户进一步的需求,进行几何精校正、正射校正、信息提取等处理,生成最终用户所需要的数据产品,将产出产品存入存储系统,并进行编目管理。

(5)数据存储系统负责存储卫星载荷原始数据、处理生成的各级产品数据及卫星地面系统各系统间交互存档文件等。随着卫星成像系统、星上存储及数据传输能力的日益提升,对数据存储系统的容量、吞吐性能及数据安全性等核心能力的要求也日益提高。数据存储系统建设一般需综合考虑存储硬件、存储软件及备份方案等。

例如，将常见的网络附属存储(network attached storage，NAS)作为专用的数据存储服务器，可以支持存储设备与服务器分离，在容量扩展、带宽吞吐提高、提升可靠性及维护便利性等方面均较前期的服务器式集中存储有了长足的进步。

(6)业务运行管理系统负责有效调度卫星地面业务系统，以用户需求为输入，以满足用户的产品为输出的整个业务链条，主要功能包括统筹规划、协同组织、管理地面业务系统各系统资源等，从而保证载荷成像、数据下传接收、产品生产、数据存储及用户反馈等各业务环节的有序运行。随着卫星平台能力、地面系统处理能力日渐提升及数据产品需求的日益增长，数据产品更确切地说是信息产品类型逐渐增加、业务环节、处理及管理流程日益复杂，对业务运行管理系统的自动化、独立化、灵活度等要求随之提高。一个具备独立性、一定灵活度及高度自动化的业务运行管理系统对实施卫星信息产品的高效生产及稳定业务化运行具有重要的影响。

图 4-11 展示了遥感卫星地面系统功能单元构成及其相互关系。由图 4-11 可见，业务运行管理系统居于地面业务服务工作开展的中心环节，是遥感卫星地面系统及卫星平台协同开展业务的组织者，以及卫星地面系统业务管理的中枢。

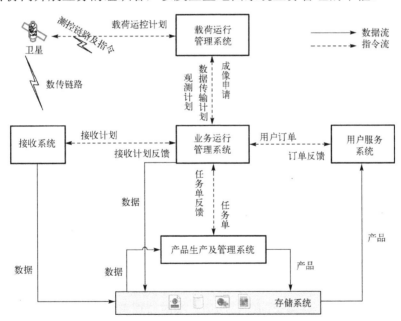

图 4-11　遥感卫星地面系统功能单元构成及其相互关系

业务运行管理系统根据用户需求，通过管理、制定、调度订单接收解析、载荷观测成像计划、数据传输计划、接收计划、产品生产计划等各环节及业务节点，使得卫星地面系统有条不紊、高效地进行协同工作，实现卫星信息产品从用户需求到数据获取到数据接收进而进行产品生产与反馈这一业务流程的有序运行。因此在遥感卫星地面系统的设计与建设中，地面业务运行管理系统必须充分地分析地面系统的各种功能性、业务性及长期业务化运行的多种需求，搭建适应性及可实现性良好的业务模型，设计交互规范、松耦合的业务流程，从而提升卫星地面系统的运行效率并实现一定的扩展性建设。

为了实现运行控制系统对地面系统的有效控制，业务运行管理分系统一般需要具备以下3部分，任务计划管理子系统、指挥调度管理子系统及监控管理子系统，如图 4-12 所示。

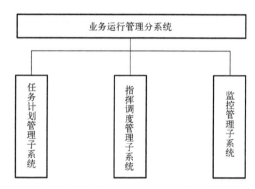

图 4-12　业务运行管理分系统组成

## 4.4.1　状态监视管理

由前面阐述可知 MAPE 控制环中的 M 即监视过程，是实现自主控制闭环的起点，其负责收集、集合、过滤、管理、报告系统内部的状态与信息，在知识库的支持下，对获得的监测数据和症状进行判定，觉察被管资源和内、外部环境的状态及变化。其采集的信息也是策略及问题求解知识的重要输入。

地面系统支撑设备及环境的稳定运行是地面系统业务化运行的基础，对其状态的监视是业务化运行的保障，更是系统进行自主化设计与建设的必要环节。状态监视管理子系统的主要任务是对地面应用系统的软、硬件资源使用，网络运行，设备使用情况进行采集及实时的监视，对异常情况进行报警。针对系统的硬件系统资源情况和网络物理链路的通信情况进行监控。状态监视管理子系统实时监视系统中各服务器的 CPU、内存、存储空间的使用率，实时监视系统的网络设备运行情况，如网络流量、网络稳定状况、安全性能等。其主要功能应包括硬件资源监视与诊断功能、网络监视与诊断功能、异常策略配置及报警功能。

上述监控量需要在监控服务器及节点服务器间采集、传输数据，主要通过三种模式。拉模式即监控服务器主动轮询向节点服务器发送数据采集指令，节点服务器返回监控数据的模式，该模式易于实现，但资源消耗大，应急响应实时性较差。推模式即节点服务器根据既定策略、约束规则及知识库配置等在满足相应条件时（如监控量的数值超出阈值)主动向监控服务器推送相应监控数据的模式。该模式应急实时性较好，但实现复杂，尤其是阈值设置策略需要配置合理，阈值设置过小，监控量频繁超过设定阈值，会导致数据的频繁传输，造成网络拥塞；阈值设置过大会导致监控服务器的监控数据陈旧，无法进行有效的监控，从而无法支持指挥调度。推-拉结合模式即综合利用上述两种模式，对 CPU、内存、存储空间、网络流量等监控量结合系统设计及应用实际情况制定不同的策略，利用推-拉组合设计不同监控量的监控方式，关注数据积累分析的监控量可优先选择配置拉模式，但需注意设置合理适用的轮询频率，以免对网络造成较大的压力；对阈值越界需及时地获取相应状态并进行应急处置调度的监控量可优先配置推模式，同时对阈值在调试、试运行阶段进行合理的配置；基于统计分析结果进行动态调整是其可行的优化方案之一。

## 4.4.2　指挥调度管理

遥感地面系统的核心业务之一是卫星载荷数据的处理与服务，其处理效率、可靠性对其业务化运行服务起决定性影响。当前星上载荷及存储能力日益提升，伴随而来的是对地面系统充分地利用系统资源，高效地调度处理载荷数据能力要求的日渐提升。在自主计算模型中，其 MAPE 环中的分析、计划对应于地面系统指挥调度管理系统的能力范围，即分析任务及资源状态，根据系统实时能力，综合决策安排数据处理任务计划。

当前随着服务器性能、网络设备吞吐能力的提高与大规模并行分布处理系统框架及其技术尤其是虚拟化技术的日渐广泛运用让资源的动态分配成为可能。根据不同的目标，可以将优化调度策略分为以下几类：①任务完成时间最小化；②反应时间最小化；③资源利用率最大化；④能耗最小化；⑤公平性原则；⑥内部权重综合测算等。

指挥调度管理子系统的主要任务就是根据既定的作业调度管理策略(如先来先服务、优先级优先、权重综合测算等)，对地面应用系统的业务进行管理与调度，依据产品生产和任务单的处理与执行流程，结合其处理所需资源约束、结合状态监视系统采集管理的系统资源使用状况数据及业务运行状态，协调系统资源的使用，进行实时/近实时的产品生产调度，对产品处理子系统发出指挥调度指令，监视各分系统业务运行流程与状态，保证载荷观测任务、产品生产任务的顺利实施。

在具体实现层面，将指挥调度的后台处理及前端监控需求结合考虑，可以通过建立多功能队列对任务进行处理与展示，同时考虑地面系统的复杂性及实际建设中分系统的异构特点，可以考虑基于消息中间件予以搭建，从而兼顾异构平台兼容、核心任务信息的持久化及可靠传递。指挥调度时序示意图如图 4-13 所示。

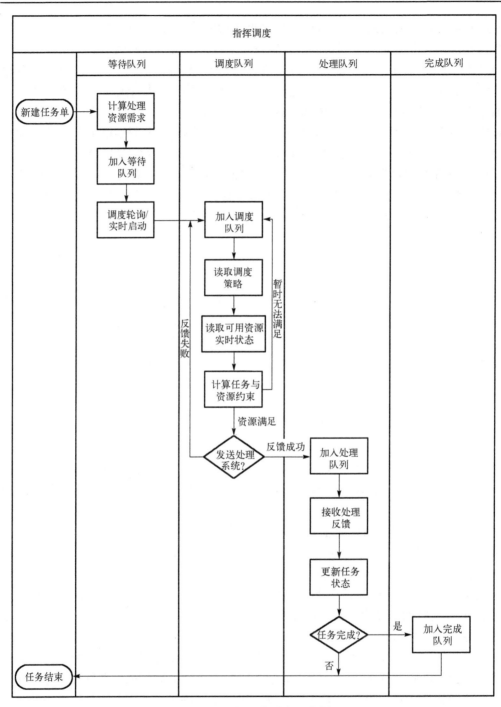

图 4-13　指挥调度时序示意图

### 4.4.3　任务状态管理

任务状态管理即围绕地面系统用户订单这一核心业务开展订单处理过程中各种状态的确定及相应处理,其过程开始于接收来自用户服务系统的任务订单,结束于成功完成订单处理或多种因素导致订单部分完成及无法完成。在这一过程中涉及对任务订单的需求进行分析和管理任务订单信息;对于载荷观测订单,需与载荷运行管理系统、地面接收系统、数据存档系统、用户服务系统等进行状态交互与跟踪反馈;对于数据处理订单,需与数据处理系统、数据存档系统、用户服务系统等进行状态交互与跟踪反馈。

对于载荷观测订单,一般应涉及如表 4-2 所示载荷观测订单状态及处理策略。

表 4-2　载荷观测订单状态及处理策略

| 序号 | 状态 | 处理策略 |
|---|---|---|
| 1 | 新增 | 持久化数据库,格式化后发送至载荷运控系统 |
| 2 | 取消 | 用户提交取消申请并成功 |
| 3 | 接收 | 载荷运控系统成功接收,等待规划 |
| 4 | 列入计划并完成 | 加入轨道任务并成功观测 |
| 5 | 列入计划未完成 | 加入轨道任务但涉及多轨成像或失败但后期可再安排 |
| 6 | 未列入计划未完成 | 当前未安排等待下一步轨道规划 |
| 7 | 未列入计划且过期 | 用户观测需求起始时间内轨道不覆盖或无法安排成像,反馈用户订单无法完成 |

对于数据处理订单,一般应涉及如表 4-3 所示数据处理订单状态及处理策略。

表 4-3　数据处理订单状态及处理策略

| 序号 | 状态 | 处理策略 |
|---|---|---|
| 1 | 新增 | 持久化数据库,格式化后发送至数据处理系统 |
| 2 | 取消 | 用户提交取消申请并结束 |
| 3 | 接收 | 数据处理系统成功接收,等待处理 |
| 4 | 失败 | 数据处理失败,反馈用户服务系统 |
| 5 | 完成 | 数据处理成功,录入存档编目系统并反馈用户服务系统 |

## 4.5　遥感系统关键流程自主化设计

遥感地面系统一般包含三个主要流程环节:信息获取、信息处理和信息服务。

随着遥感技术不断进步,遥感地面系统面临着复杂任务规划、海量数据处理及智能信息服务的问题,传统的处理流程往往会导致系统实时性差和数据利用率低下的问题。因此，采用人工智能手段通过智能体感知外界环境并产生交互，使遥感地面系统具有自主学习和推理能力，实现遥感地面系统处理流程的智能化与自主化。

## 4.5.1　信息获取

遥感任务规划是遥感信息获取的关键环节。如何有效地规划遥感观测任务，快速地获取所需的实时数据，并高效地实现遥感数据的快速与高效冗余处理，是当前遥感技术中存在的主要难点。随着航天技术的发展和航天应用的深化，遥感卫星数量越来越多且种类呈现多样化，遥感任务规划也随之急剧复杂化。遥感任务规划所面临的挑战主要体现在以下两点：①人工任务规划无法应对数量众多的遥感卫星复杂任务规划，容易出现错误，亟待通过智能算法实现自主任务规划；②对于偶发目标和各种不确定性因素的自主处理能力需求增强，偶发目标通常具有较高的观测价值，而不确定性因素会导致原有观测任务无法按计划执行。若卫星不具备自主运行能力，就无法对观测任务进行及时调整，从而造成数据的浪费与资源的损失。

因此，必须研究面向对地观测卫星的智能自主任务规划方法，实现卫星观测任务的自主规划和调度。目前主要的智能遥感观测任务规划方法有如下几种。

(1)启发式搜索。

启发式算法是指在可接受的花费(指计算时间、占用空间等)下给出待解决组合优化问题每一个实例的一个可行解的方法。启发式搜索即使用启发式算法进行的搜索。启发式算法常能在合理时间给出很不错的解，但在某些特殊情况下，启发式算法会得到很坏的答案或运行效率极差。但造成特殊情况的数据结构在实际情况中很难遇到。因此实际中经常使用启发式算法来解决问题。启发式搜索是否有效取决于搜索算法对问题的适应性，以及如何设置避免陷入局部最优的策略。另外，算法重启动的程序、可控制的随机性、有效的数据结构及预处理也会帮助其获得合理正确的解。

(2)专家系统。

专家系统是一个具有大量的专门知识和经验的程序系统，它应用人工智能和计算机技术，根据某领域一个或多个专家提供的知识和经验，提供推理和判断，模拟人类专家的推理过程，以便解决那些需要人类专家处理的复杂问题，专家系统是一种模拟人类专家解决领域问题的计算机程序。调度专家系统可以产生复杂的启发式规则，利用定性和定量知识，具有一定的智能性。但是开发周期长、费用昂贵且所需的经验和知识难以获取，同时专家系统的学习能力有限，所以专家系统在任务规划中的发展前景并不被看好，且其常与其他算法混合使用。专家系统常用于多星综合任务规划。

(3)agent方法。

agent是指具有一定的自主行为或智能特征的实体；MAS称作多智能体系统，指由多个agent构成的系统。agent和MAS的方法是面向一定的任务目标，依据其他agent及周围环境的状态，并基于自身状态决策机构来规划实施的。agent有能力与其他 agent 协作解决共同面临的问题。基于 MAS 的决策与控制方法能够集成许多传统的和现代的模型，包括人工智能和非人工智能模型。由于智能遥感任务规划是一个异常复杂而庞大的系统，MAS 有着极强的协作求解问题的能力，于是随着软件 agent 和 MAS 理论方法的引入，它已成为任务规划的主要技术途径，其前景被普遍看好，同时也是当前在轨运行和计划的各类空间系统中运用最多的一项综合性技术。

(4) 神经网络方法。

神经网络是一种模拟生物神经网络的结构功能和计算的模型，目的是模拟大脑机理与机制，实现某个方面的功能，如图像识别、语音识别等。神经网络基于训练数据集开展训练，从中学习到一定规律，从而得出解决问题的方法，如何训练神经网络是该技术的关键所在。2006 年，深度神经网络的学习技术 (深度学习) 被提出，相比传统方法，深度学习的效果大幅提高。2008 年，朱战霞等[2]用 Hopfield 神经网络算法对单个仪器的任务规划问题进行了研究，构造了一个由 256 个神经元构成的 Hopfield 对地观测网络，用于表示不同时间和不同观测目标的任务规划。而后，邢立宁等[3]结合实际情况进行了完善，在分析实际影响成像卫星任务执行因素，如任务重叠度、任务收益、气象信息等的基础上，设计了一种基于 BP (back propagation) 神经网络的星上任务可调度性预测方法，并设计了多个不同算例验证其效果。神经网络前期效果较差，以及深度学习兴起较晚，神经网络在任务规划中的应用较少，但前景依然可期。

## 4.5.2　信息处理

遥感信息图像处理主要包括图像预处理、图像分类、特征提取等过程。

(1) 图像预处理：一般包括去噪、波段叠加与分离、影像增强、辐射校正、几何校正、影像裁剪、影像镶嵌、影像融合等。通过预处理可以改善图像质量，增强图像的视觉效果，将图像转换成一种更适合于人或机器进行分析处理的形式，为其后面的进一步处理分析工作奠定基础。

(2) 图像分类：选取适当的分类器及其判断准则，对未知区域的样本进行类别归属的判断，即对像元进行类别划分。方法大致分为监督分类和无监督分类两种，受使用不同分类方法的影响，取得的分类效果会存在一定的差异。

(3) 特征提取：同类物质样本的分布具有密集性，在特征空间中分隔不同类别的地物样本关键是从原始特征中选取出一组最能反映其类别的新特征。

目前人工智能技术在遥感图像分类方面的方法主要有决策树方法、神经网络方法及深度学习方法等，这些分类方法可以提高图像处理的精度，更好地完成任务。

(1) 决策树方法。

决策树方法是一种以特征值作为基准值分层逐次进行比较归纳的分类方法。决策树具有树形结构，其叶节点代表类的分布，内部节点代表对某个属性的一次测试，每条分支代表一次测试结果。整棵决策树采用递归构造方法，测试从根节点开始，对每个非叶节点对应的样本集进行测试,根据不同的属性值引出该节点的向下分支,直到某一节点只包含同一类别的样本或样本集没有特征进行再分时。用决策树进行图像分类时,训练样本速度快;结构简单直观,便于用户理解;除了训练样本数据集中包含的信息不需要其他领域知识融入;决策树分类主观操作性强,根据先验知识及经验,可以确定或调整各个属性之间的权重关系(重要性)或地物分类先后层次关系。决策树的构造结果可以是一棵二叉的或多叉的构造,因此在高光谱图像分类中,二叉决策树作为决策树的一种特殊形式,因其简单灵活的构造被广泛地应用。

(2)神经网络方法。

神经网络方法与传统方法相比,在进行图像分类时,无须考虑像元分布特征,此外神经网络方法还广泛地应用于多源遥感数据分类。与神经网络方法在遥感卫星任务规划领域应用类似,神经网络在遥感数据处理中的应用兴起较早,且伴随着深度学习的出现焕发了新的生机。

(3)深度学习方法。

深度学习是机器学习研究中的一个新的领域,其动机在于建立、模拟人脑进行分析学习的神经网络,其模仿人脑的机制来解释数据,如图像、声音和文本。深度学习在遥感图像分类中的应用兴起很晚,但由于其效率高、准确度高,发展迅速,受到了广大研究者的青睐。

### 4.5.3　信息服务

随着大众对空间信息种类的需求日益丰富,对信息服务的时效性和精确性要求也越来越高,同时要求遥感信息产品能够直接服务于不同的用户层面。目前的空间信息服务集中在任何时间和任何地点传递任何消息给任何人,而具有自主能力的智能地理信息服务能够将正确的信息在正确的地点、正确的时间提供给正确的人,其需要具备如下特征。

(1)语义感知。

句法描述能够确保不同的地理信息服务之间技术上的连接和数据传输,语义描述能够使得传感器、数据和服务的内容能够被机器充分地理解并处理。

(2)信息服务自动集成。

在分布式的信息架构中,复杂的地理空间问题需要聚合不同的传感器、不同数据源、不同处理技术。如果某些资源能够作为地理信息服务而方便地获取到,那么就能够被自动链接成不同的空间处理工作流来实现地理空间的知识发现。

(3)学习和推理。

自主空间信息服务可在解决地理空间问题的过程中学习积累经验。例如,可在提供服务中得知对于特定任务,最佳的服务或工作流是什么。利用本体或规则丰富知识库后,智能地理信息服务能够通过推理提高服务发现或派生新的集成服务计划的召回率和准确率。

（4）适应性。

智能地理信息服务的适应性是指基于用户偏好、服务执行的上下文情景及服务架构的状态，能够识别环境中的动态变化，并做出正确的响应。应对不确定性是涉及智能系统的关键问题所在。智能地理信息服务处理不精确信息和不确定因素的能力反映了该系统智能化的程度。

## 参 考 文 献

[1] Gray J. Why do computers stop and what can be done about it? [C]. Proceedings of the German Association for Computing Machinery Conference on Office Automation, Erlangen, 1985.

[2] 朱战霞, 杨博, 袁建平. 人工智能在卫星任务规划中的应用[J]. 飞行力学, 2008, 26(1): 79-82.

[3] 邢立宁, 王原, 何永明, 等. 基于 BP 神经网络的星上任务可调度性预测方法[J]. 中国管理科学, 2015, 23(S1): 117-124.

# 第5章 具有自主特征的遥感地面系统的研发实例

本章主要列举了作者所在研究团队在基于自主计算技术的遥感卫星地面系统研发过程中的部分实例，具体包括：系统底层消息传输机制、系统级感受器设计、柔性工作流管理机制、插件式数据预处理软件架构和航空遥感数据并行处理控制。

## 5.1 系统底层消息传输机制

本书所介绍的系统底层消息传输机制，是基于 ZeroMQ(ØMQ、ZMQ、0MQ) 之上进行开发的。ZeroMQ 是为可伸缩的分布式或并发应用程序设计的高性能异步消息库，像是一套嵌入式的网络链接库，工作起来更像是一个并发式的框架。ZeroMQ 提供的套接字可以在多种协议中传输消息，如线程间、进程间、TCP、广播等。并可以使用套接字构建多对多的连接模式，如扇出、发布-订阅、任务分发、请求-应答等。ZeroMQ 的异步 I/O 机制能够构建多核应用程序，完成异步消息处理任务。ZeroMQ 具有多语言 API，并可以在大多数操作系统上运行。ZeroMQ 是 iMatix 公司的产品，以 LGPL 开源协议发布。

### 1. 消息模式

ZeroMQ 的消息模式包括 REQ-REP、PUB-SUB、PUSH-PULL、DEALER-ROUTER 四组套接字对，除了 DEALER-ROUTER 可以与 REQ、REP 套接字混用，其他套接字必须按照严格配对模式，每类套接字的应用场景各有侧重。

#### 1)REQ-REP(请求-应答模式)

REQ-REP 套接字对是一对步调严格一致的同步套接字对，如图 5-1 所示，ZeroMQ 底层的消息发送采用的是异步发送方式，每个套接字的消息都会先被缓存在内存中，直至连接建立以后才发送出去(PUB 瞬时套接字除外)。

每一个 REQ 套接字可以连接多个 REP 套接字，每个 REP 套接字也可以被多个 REQ 套接字连接。服务端绑定至一个端口上供客户端连接。每一个客户端的一个请求(request)仅仅被一个服务端应答(response)，每个 REQ 只有在收到服务端的 response 以后才可以进入下一个 request，所有的 request 都是按照最近最少使用算法负载均衡地发送至客户端所连接的服务端上。由请求端发起请求，并等待回应端回应请求。从请求端来看，一定是收发配对的；反之，在回应端也一定是发收配对的。请求端和回应端都可以是 $1:N$ 的模型。通常把 1 认为是服务端，$N$ 认为是客户端。

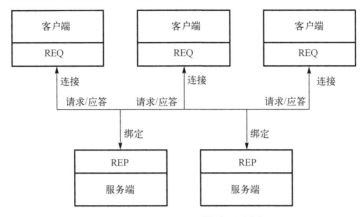

图 5-1　REQ-REP 模式示意图

ZeroMQ 可以很好地支持路由功能（实现路由功能的组件称为 Device），把 $1:N$ 扩展为 $N:M$（只需要加入若干路由节点）。DEALER-ROUTER 在 ZeroMQ 低版本时，被称为 XEQ-XEP，它与 REQ-REP 有些类似，是对 REQ-REP 套接字对的升级，它是 ZeroMQ 所有套接字中唯一一对需要自己管理路由信息，由开发者自行进行路由的套接字对。与 REQ-REP 相比，DEALER-ROUTER 不是同步套接字对，每个 DEALER 可以无限制地发送请求给 ROUTER，ROUTER 也可以无限制地发送回复给 DEALER。REQ-REP 之所以不需要管理路由信息但需要严格同步，就是因为 REQ-REP 会自动保存路由信息，而且只会保留一个路由信息。

从这个模型看，下层的端点地址是对上层隐藏的。每个请求都隐含回应地址，而应用则不关心。

2）PUB-SUB（发布-订阅模式）

PUB-SUB 是一组异步模型，如图 5-2 所示，PUB-SUB 同 REQ-REP 一样都是多对多的套接字。发布者（publisher）发布的更新消息会发送至所有连接至发布者的订阅者（subscriber）上，每个消息都是完全一致的复制。PUB-SUB 套接字在没有设置

图 5-2　PUB-SUB 模式示意图

为持久套接字时,发布者发布的消息不会缓存,当没有任何订阅者连接至发布者时,消息会直接丢弃。

在 PUB-SUB 模型里,发布端是单向发送数据的,不关心是否把全部信息都发送给订阅端。如果发布端开始发布信息,订阅端尚未连接,那么直接丢弃信息;而一旦订阅端连接成功,中间会保证没有信息丢失。同样,订阅端则只负责接收,不负责反馈。如果发布端和订阅端需要交互(如要确认订阅者是否已经连接上),那么使用额外的 socket 采用请求/回应模型满足该需求。

3)PUSH-PULL(分布式处理)

PUSH-PULL 是套接字对的典型应用,如图 5-3 所示,分发器可以推送一组任务,并且按照最近最少使用算法负载均衡推送给处理器,每个任务只会被连接至任务分发器的一个处理器接收,每个处理器在计算完毕后将结果推送给收集器。PUSH-PULL 套接字对也是异步套接字对,会将消息缓存在内存中直至消息被处理,或者套接字被强行关闭。这个模型里,管道是单向的,从 PUSH 端向 PULL 端单向推送数据流。

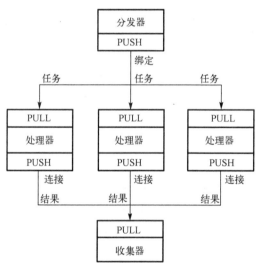

图 5-3　PUSH-PULL 示意图

4)DEALER-ROUTER(中间人路由模式)

在 DEALER-ROUTER 模式下,REQ 与 REP 通过中间人进行非阻塞的间接通信:REQ 与 ROUTER 对话,DEALER 与 REP 对话。在 DEALER 和 ROUTER 之间,需要有代码(也称为 Broker,代理)将消息从一个套接字接收并将它们推送到另一个套接字上,DEALER-ROUTER 模式的优势在于其结构更易于扩展,由于使用代理进行通信,消息的发送端和接收端可以方便地增加或减少。图 5-4 为 DEALER-ROUTER 示意图。

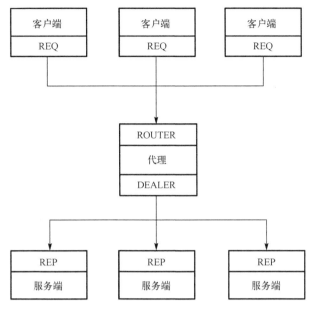

图 5-4　DEALER-ROUTER 示意图

5）PAIR-PAIR（配对独占模式）

PAIR 套接字通过完全一对一独占的方式进行连接。与 DEALER-ROUTER 模式下的非阻塞通信不同，PAIR-PAIR 模式只有在确认消息的接收者就绪时，消息才会被发送，否则将会阻塞，这可以保证消息的正确和完整。图 5-5 为 PAIR-PAIR 示意图。

2. 可靠性设计

1）消息持久化模型

消息的回应端接收到请求端传递的消息之后，为了防止消息服务突然宕机等导致消息丢失，则将消息保存起来。系统底层消息的持久化是基于数据库实现的，主要由持久化访问层和数据库访问层组成。持久化访问层抽象成一组接口，并作为规范，用于消息中间件业务处理逻辑和持久化逻辑的分离，保证在消息持久化过程中不影响业务处理逻辑。数据库访问层是将数据库 API 进行封装，将结构化

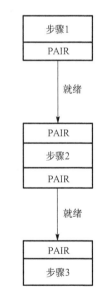

图 5-5　PAIR-PAIR 示意图

的索引和信息存储到对应的数据库中，封装为各类操作接口。避免程序直接通过 SQL 语句访问数据库，增加了程序的健壮性和可维护性。同时，为了保证消息在持久化过程中的可靠性，在存储过程中加入了数据库事务处理特性，如图 5-6 所示。

2) 可伸缩性

ZeroMQ 有自动重连接机制，根据需求对运行时的服务进程、执行进程动态增加或删除。执行进程的动态增加或删除则是通过服务进程的服务决定的。每个服务进程、执行进程在启动之初会将自己的绑定信息注册至服务进程。执行进程在启动后首先通过 REQ-REP 向服务进程请求连接，再根据服务进程返回绑定信息连接。当有实例状态发生变化时，如启

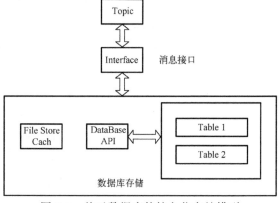

图 5-6　基于数据库的持久化存储模型

动、停止了一个实例或者实例发生异常，服务进程会通知所有执行进程发生变化的消息，执行进程随后会刷新本地连接，从而达到系统运行时动态增加或删除的目的。

在遥感数据处理系统中，其请求-应答模式的实现机制恰恰对应了本书对于系统间通信的设计，消息的通信必须通过握手才能完成。而发布订阅模型与管道模型却不是必需的，因此整个底层通信模型均采用请求/回应模型实现。

通信模块由三部分组成，如图 5-7 所示。其中监听器(listener block)为对外监听

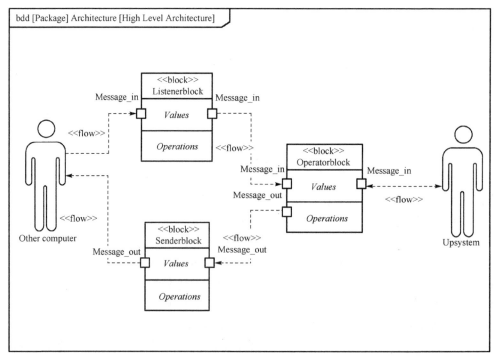

图 5-7　通信模块构成图

消息的接口，发送器(sender block)为向外发送消息的接口，执行器(operator block)为消息处理器。在系统中，执行器的工作只限于将消息转发至自主单元的自主管理器，由自主管理器解析与回应消息内容。对于普通的非自主计算系统，该执行器可用于解析消息内容，与原有系统进行交互。因此，该设计不但适用于新开发系统，还适用于对现有系统的整合与改造。

底层通信模块还具有自主维护活跃点表的功能，活跃点表已在 3.3.4 节进行了描述，这里用节点启动时的初始化序列(图 5-8)来说明获取网络中活跃点表的过程。

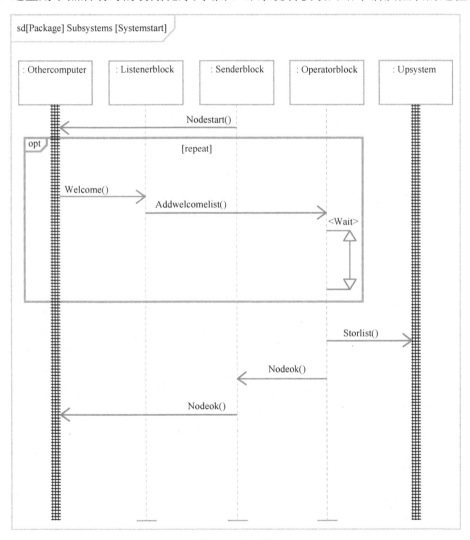

图 5-8　序列图

## 5.2　系统级感受器设计

### 5.2.1　实现设计

对应于自主系统的设计思想，感受器的存在是系统自主的基本条件。前面已经指出，感受器要获取的信息主要来源于人、硬件和软件。感受器的功能实现有多种方案，HP、IBM 等大公司都有成熟的硬件系统监控解决方案。在软件管理层面，大多是针对某些特定应用程序的解决方案，如 IBM 公司的 InfoSphere Guardium 解决方案专门用于监控数据库系统，能够做到实时监控数据库活动。总体而言，针对特定类别软件的监控方案，其功能覆盖相对来说较为完善，但监控方法及对象等不具有普遍性。

作者所在研究团队基于所承担的国家高技术研究发展计划（863 计划）"十一五"重点项目"无人机遥感载荷综合验证系统"中"数据处理与科学分析系统技术研究"的科研任务，融合多个计算节点及众多应用相关的服务器、终端及其他外设，集成数据库、运行控制等多种系统服务，建设了专门用于无人机遥感载荷数据处理与分析的复杂的分布式计算与应用系统——无人机遥感载荷综合验证系统数据处理与科学分析系统（以下简称无人机处理系统）。

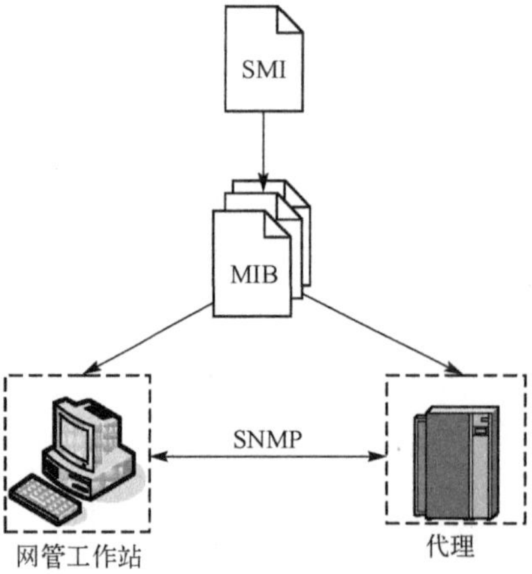

在无人机处理系统中，实现了硬件设备、网络设备、应用程序的信息获取，同时提出一种基于简单网络管理协议（simple network management protocol，SNMP）扩展的软硬件监控系统实现方法，通过对现有成熟的 SNMP 协议进行扩展，实现软硬件信息获取的统一通路。SNMP 协议的组成图如图 5-9 所示，其实现采用代理与管理工作站协调的方式，由代理进行系统信息的采集，通过 SNMP 协议发送至网管工作站。

图 5-9　SNMP 协议的组成图

在 SNMP 协议中，定义和标识了一组 MIB（management information base，管理信息库）变量，所有的变量都使用 ASN.1 抽象语法表示法进行描述。SNMP 问世后，各大 IT 厂家纷纷支持该标准，将各自产品的信息加入 MIB 进行扩充，使得采用 SNMP 协议可以支持目前市面上常见的各种硬件设备。

传统的 SNMP 网络管理模型由网管工作站（network management station，NMS）、代理、管理协议和被管设备（即用户想监控的设备）四部分组成，如图 5-10 所示。网管工作站以用户数据报协议（user datagram protocol，UDP）数据包的形式向代理发送

SNMP 请求，被管设备的代理在接收到查询请求后根据请求的类型向网管工作站发送应答 UDP 数据包，该 UDP 数据包即包含请求的具体信息。

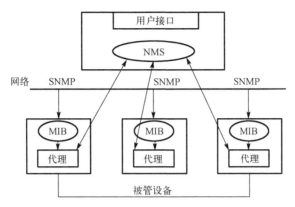

图 5-10  基于 SNMP 的传统应用管理模型

由于应用程序管理本身的复杂性，上述模型并没有实现对应用程序的管理功能，为了进一步实现对有特定需求的应用程序的管理，在无人机处理系统中对以上模型进行了修改，扩展了软件管理的功能，如图 5-11 所示。

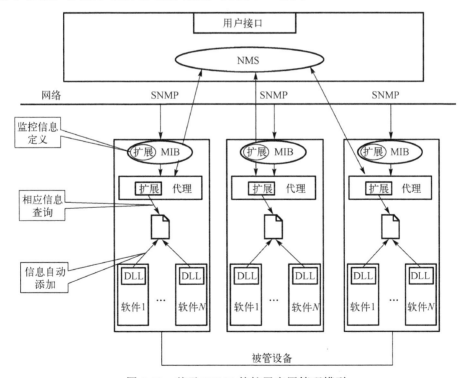

图 5-11  基于 SNMP 的扩展应用管理模型

在无人机处理系统的设计中，受控站点中的代理和被监控应用程序实例的信息交互采用了日志交互的方法。程序员在编写应用程序时，通过调用特定动态链接库(dynamie linked library，DLL)类库的形式，将被监控的信息以日志文件的形式输出，而代理通过在扩展节点上获取相关信息来满足管理站点的信息查询请求。当应用程序运行异常时，通过 SNMP 的 TRAP 操作使代理主动地将该异常信息上报给管理站点中的管理程序。

## 5.2.2　实现方案

要实现上述信息采集方式，需进行三方面工作：首先需对 MIB 库进行扩展，加入软件监控信息的内容；其次需实现被监控程序加载的 DLL 类库，实现软件信息的自主采集；最后在代理端实现对扩展节点的信息查询功能。

1. MIB 库扩展

在不失通用性的前提下，研发人员分析了无人机地面系统中特定应用程序的监控需求，定义了针对性的应用程序监控节点，综合考虑了信息类型及更新频率，将应用程序的被监控信息分为以下四类：应用程序的静态信息、动态信息、运行过程中的异常信息及历史信息，其中动静态信息内容如表 5-1 所示。

表 5-1　动静态信息内容列表

| 信息类型 | 信息内容 |
| --- | --- |
| 静态信息 | 应用程序索引<br>应用程序名称<br>版本号<br>开始运行时间<br>文本功能描述等 |
| 动态信息 | 程序正在执行的功能<br>运行状态<br>即时 CPU 使用率<br>内存使用率<br>网络状况<br>持续运行时间等 |

SNMP 的 MIB 树定义在管理树的互联网分支(1.3.6.1)下的管理分支(2)下，这个分支下的节点都是标准节点，用于存储一些已经形成公认标准的节点信息。如图 5-12 所示，MIB 子树可以在管理树的互联网分支(1.3.6.1)下的私有分支(标号 private(4))的企业分支(标号 enterprises(1))下申请一个节点 software，由于其子节点 9999 还没有被企业采用，故定义该节点为应用程序信息 software(9999)，在 software 节点下构造 MIB 树。

在静态信息节点 staticInfo(1.3.6.1.4.1.9999.1)下添加如下六个子节点：应用程序

索引(1)、应用程序名称(2)、文本功能描述(3)、版本号(4)、应用程序网络状态(5)、开始运行时间(6)。在动态信息节点 dynamicInfo(1.3.6.1.4.1.9999.2)下添加如下六个叶子节点：程序正在执行的功能(1)、实时运行状态(2)、CPU 使用率(3)、内存使用率(4)、网络状况(5)、持续运行时间(6)。在异常信息节点 emergency(1.3.6.1.4.1.9999.3)下添加了如下叶子节点：事实突发事件(1)。在历史信息节点 historyInfo(1.3.6.1.4.1.9999.4)下添加如下叶子节点：历史意外事件(13)等。

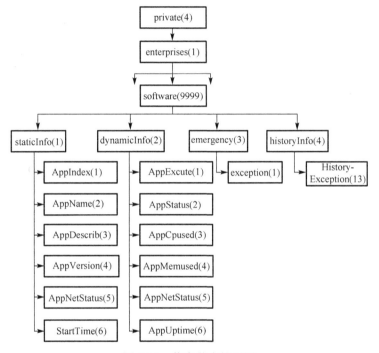

图 5-12　信息节点扩展图

## 2. DLL 类库设计

系统中的信息收集类似于很多系统中都具有的日志功能，只不过采集的方式变成远程，以 UNIX 下的 sysLog 为例，它已经形成了一种事实上的工业标准。本书参照 RFC3164 定义的格式，并且对消息的头部进行了扩展，创建了如下格式的信息采集条目。

　　　　<优先级>时间戳 主机名 模块名/级别/信息摘要：内容
　　　　<priority>time sysname module/level/digest : content

根据日志功能模块应保持统一性的原则，设计了统一的日志记录函数，并将所有函数封装成动态链接库的形式提供给应用程序编写者，使其通过简单的函数调用即可完成日志功能，既能减少重复开发，又能减少因需求变化而导致的代码

修改量。通过采用日志模块函数或对象方法，对日志记录格式或内容提出了新的需求，只需一处修改，就可以全面生效；而单独使用代码记录的，则可能需要处处修改。

3. 代理扩展程序的实现方法

使用 SNMP 技术的较为成熟的软件有多种，如目前很多开放源代码的软件（NET-SNMP、SNMP++、AGENT++等）都完全实现了 SNMPv2 中标准管理信息库中的内容，它们有支持 UNIX、Linux、Windows 等系列操作系统的源码，通过对源码的直接编译就可以生成一个标准的 SNMP 代理。

本系统中 SNMP 代理端的扩展通过 NET-SNMP 软件包来实现。NET-SNMP 是一个免费的、开放源码的 SNMP 实现，以前称为 UCD-SNMP。它包括 agent 和多个管理工具的源代码，支持多种扩展方式。它主要由以下内容组成：可扩展的 SNMP 代理程序（snmpd.exe）、SNMP 代理和管理程序开发库，用于请求和设置 SNMP 代理变量的工具程序（snmpget、snmpset、snmptable、snmpwalk 等），用于生成或处理 SNMP 陷阱（trap）的工具程序（snmptrapd 和 snmptrap）等。

(1) 在 MIB-II 树的 enterprise 节点 9999（可更换）上自定义要扩展的 MIB 节点信息。

(2) 根据 ASN.1 语法把扩展的 MIB 写成 MIB 库文件。

(3) 编写 MIB 扩展模块，实现对扩展 MIB 节点信息的处理。

(4) 程序在启动后，载入初始化 MIB 模块，程序即进入一个等待呼叫的无限循环。

(5) 在由 mib2c 生成的 software.c 主体程序框架中的 init 函数中加入对各个子节点信息获取的代码。

(6) software.c 前添加对 software.h 的包含。

(7) 最后将所有的 C++源文件同时编译，得到扩展代理的可执行程序。

(8) 把编译后的 snmpd.exe 和 netsnmpmibs.lib 复制到安装目录，照常使用 snmpd.exe 即可。

## 5.2.3　系统实现

系统软件采用 C/S 架构，包括 3 层设计，分别为监控层、数据处理层和数据通信层。系统实现结构图如图 5-13 所示。软硬件、网络性能、操作系统等被监控信息直接通过 SNMP 代理获取，获取的软件信息首先需要扩展代理功能，信息处理模块将采集模块得到的各种原始数据进行分析加工处理，对历史数据进行分析综合，然后将数据存入信息存储模块，人机交互模块为工作人员提供友好的监控界面，实现实时信息的动态显示及工作人员对历史数据的查询，使工作人员能够及时准确地掌握整个无人机遥感载荷综合验证系统的硬件信息、软件信息和网络性能，及时地排除故障，为整个系统的运行提供保障。

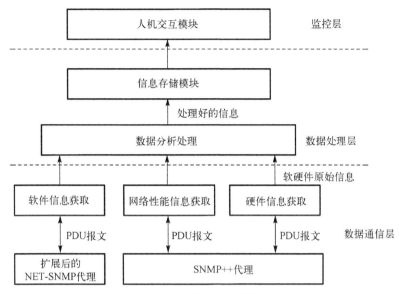

图 5-13　系统实现结构图

获取信息表如表 5-2 所示。

表 5-2　获取信息表

| 组名 | 对象名 | 对象标识符 OID | 对象标识 |
|---|---|---|---|
| Host 组 | sysDescr | 1.3.6.1.2.1.2.1.1.1 | 系统描述 |
|  | sysUpTime | 1.3.6.1.2.1.2.1.1.3 | 系统开机时间 |
|  | sysName | 1.3.6.1.2.1.2.1.1.5 | 系统名称 |
| HResourse 组 | hrMemorySize | 1.3.6.1.2.1.25.2.2.0 | 内存信息 |
|  | hrStorageTable | 1.3.6.1.2.1.25.2.3 | 磁盘信息 |
|  | hrProcessorLoad | 1.3.6.1.2.1.25.3.3.1.2 | CPU 信息 |
|  | hrProcessorInfo | 1.3.6.1.2.1.25.4.2.1.2 | 系统进程信息 |
| Interfaces 组 | ifNumber | 1.3.6.1.2.1.2.1 | 接口的数目 |
|  | ifIndex | 1.3.6.1.2.1.2.2.1.1 | 接口的索引值 |
|  | ifDescr | 1.3.6.1.2.1.2.2.1.2 | 接口的描述 |
|  | ifSpeed | 1.3.6.1.2.1.2.2.1.5 | 接口的速率估计值 |
|  | IfOperStatus | 1.3.6.1.2.1.2.2.1 | 接口的工作状态 |
|  | ifInOctets | 1.3.6.1.2.1.2.2.2 | 累计接收字节数 |
|  | ifInErrors | 1.3.6.1.2.1.2.2.3 | 累计接收错误包数 |
|  | ifOutOctets | 1.3.6.1.2.1.2.2.4 | 累计发送字节数 |
|  | ifOutErrors | 1.3.6.1.2.1.2.2.5 | 丢弃的错误包数 |

续表

| 组名 | 对象名 | 对象标识符 OID | 对象标识 |
|---|---|---|---|
| | AppIndex | 1.3.6.1.4.1.9999.1.1 | 应用程序的索引 |
| | AppName | 1.3.6.1.4.1.9999.1.2 | 应用程序的名称 |
| | AppDescrib | 1.3.6.1.4.1.9999.1.3 | 应用程序的描述 |
| | AppVersion | 1.3.6.1.4.1.9999.1.4 | 应用程序的版本 |
| | StarTimes | 1.3.6.1.4.1.9999.1.5 | 应用程序的开始运行时间 |
| Software 组 | AppExcute | 1.3.6.1.4.1.9999.2.1 | 应用程序正在执行的功能 |
| | ApStatus | 1.3.6.1.4.1.9999.2.2 | 应用程序的运行状态 |
| | AppCpused | 1.3.6.1.4.1.9999.2.3 | 应用程序 CPU 使用率 |
| | AppMemused | 1.3.6.1.4.1.9999.2.4 | 应用程序内存使用率 |
| | AppUptimes | 1.3.6.1.4.1.9999.2.5 | 应用程序的持续运行时间 |
| | Exception | 1.3.6.1.4.1.9999.3.1 | 应用程序的异常报警 |
| | HistoryException | 1.3.6.1.4.1.9999.4.13 | 应用程序的历史异常信息 |

根据分系统的业务模型设计，在数据库设计步骤指导下，对分系统内部信息进行分类、聚集和概括，抽象出概念数据模型，并严格按照数据范式理论进行逻辑设计，然后部署在 SQLite 数据库服务器上。在开发过程中，通过不断验证数据库的合理性并进行修改，最终完成了数据库设计。图 5-14 给出了数据库的 E-R 模型。

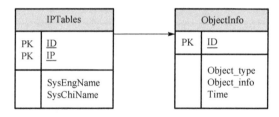

图 5-14　数据库的 E-R 模型

数据库包含以下两类表。

用户信息表：如表 5-3 所示，主要存储工作人员手动添加的 IP 地址和每个设备的中英文名称。

设备信息表：如表 5-4 所示，主要存储设备信息类型、详细信息和存储时间，表的名称是每个监控节点的英文名，每一个监控节点维护一张设备信息表。

表 5-3　用户信息表

| 序号 | 字段 | 数据类型 | 允许为空 | 主键 | 单位 | 备注 |
|---|---|---|---|---|---|---|
| 1 | ID | Int | × | × | | |
| 2 | IP | C(20) | × | √ | | 被监控对象的 IP |
| 3 | SysEngName | C(20) | × | × | | 被监控对象英文名称 |
| 4 | SysChiName | C(20) | × | × | | 被监控对象中文名称 |

表 5-4　设备信息表

| 序号 | 字段 | 数据类型 | 允许为空 | 主键 | 单位 | 备注 |
|---|---|---|---|---|---|---|
| 1 | ID | Int | × | √ | | |
| 2 | Object_type | C(30) | × | × | | 监控对象类型 |
| 3 | Object_info | C(200) | × | × | | 监控对象信息 |
| 4 | Time | DateTime | × | × | | 信息获取时间 |

最终实现的系统用于进行无人机遥感数据处理系统的设备监控，其界面示意图如图 5-15 所示。

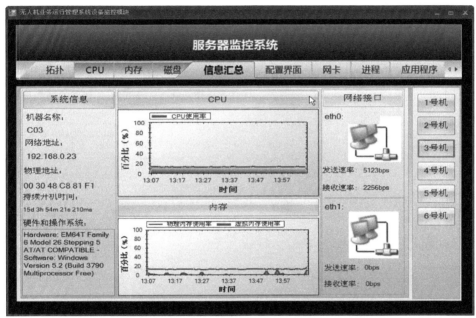

图 5-15　服务器监控界面示意图

## 5.2.4　方案的不足与改进

在系统实际运行过程中，虽然采用上述方案能够很好地采集软硬件系统的多个参数，并利用数据库进行存储，但由于某些应用软件产生状态更新信息的频率很高，利用 SNMP 采集状态有时会发生滞后。此外，数据库中存储的采集数据只用来进行监视和查看，并没有真正反馈到系统的业务运行中。

针对以上所提及的不足之处，研究团队在另外的系统中尝试了采用微软最新的 WCF（Windows communication foundation）技术，实现对各子模块的集成，通过定义客户端和服务器端的合约，绑定至固定的端口，实现集成客户端对各子模块的远程操作，包括远程开启和关闭，查看运行状态等。

　　WCF 是微软创建独立于版本的、安全可靠的、面向服务的 API。它可以创建符合 WS-*规范的消息，也可以用在表属性状态传输(Rest)架构中，以及其他使用 XML 消息的分布式应用系统中。本质上，WCF 是开发者通往面向服务世界的桥梁。在 WCF 之前，也可以使用 WSE(web services enhancements)和 ASMX(active server methods)等技术编写的面向服务的应用，但是 WCF 提供了更好的安全性、可靠性和灵活性。

　　如图 5-16 所示，软件集成控制对计算机中部署的运行管理系统软件提供统一的登录、启动控制，主要功能包括以下几方面。

图 5-16　软件集成控制示意图

　　(1)提供用户登录运行管理系统软件的界面输入，能够通过向运控信息管理模块发送用户权限申请消息，获取用户对于运行管理系统软件的操作权限。

　　(2)检索计算机中安装的运行管理系统软件，并在界面上显示各软件的状态，软件状态包括是否已安装、是否已启动和是否具备权限操作。

　　(3)对于用户有权限操作且允许在当前计算机上启动的软件，用户可以通过界面，以之前登录时的用户和权限启动该软件。其中，后台服务软件(通信前端、归档与日志、轨道计算、数据处理)仅允许在部署的计算机上启动；面向多个用户的软件(数据显示软件、注入数据处理软件和计划制定软件)允许在多个客户端上启动。

(4)当软件退出时，允许用户选择仅退出本功能模块软件还是将所有运行管理系统软件同时退出，在缺省情况下仅退出本功能模块软件。

通过该项工作可以看到，采用 WCF 技术可以通过实时的通信进行分布式软件状态监视和控制，在后续的工作中将考虑采用 WCF 技术进行系统感受器的设计与开发。

# 5.3　柔性工作流管理机制

在前面的章节曾经讨论过自主系统的自配置/自优化特性，在遥感卫星地面系统中，由于其顶层业务流程相对较为清晰，这些特性可以采用成熟的基于工作流的软件服务自主组合模式来体现。

## 5.3.1　卫星地面系统工作流管理机制

卫星地面系统具有规模庞大、运行流程复杂、实时性要求高、可扩展性要求高等特点，如果将业务运行流程固化，很难满足实际的运行要求。例如，某一新型号卫星发射后，业务运行管理流程与原有的卫星不同，就需要重新定义系统数据流、控制流，开发新功能的同时也要改动原有功能，使其支持新型号卫星的业务运行管理。例如，当某一任务环节中存在分支、回退、循环等业务走向时，研发系统时需要对每一种业务走向的可能性充分考虑，但即便充分考虑了，也很可能存在逻辑上的漏洞或者功能上的不完善。因此在遥感地面系统中引入工作流技术是非常必要的。

工作流技术起源于生产制造与办公自动化领域，是针对可完全或部分自动化处理的工作过程，根据一系列规则，使文档、信息或任务能够在不同执行者之间进行传递与执行。其重点在于将整个业务过程按照不同的执行/审批者进行分解，按照一定的规则和过程来顺序或并行执行，从而提高业务的生产效率。

按照工作流管理联盟(workflow management coalition，WfMC)对工作流管理系统(WfMS)的定义，工作流管理系统是一个软件系统，它完成工作流的定义和管理，并按照在计算机中预先定义好的工作流逻辑推进工作流实例的执行。工作流引擎作为工作流管理系统中的重要部件，为系统提供流程的节点管理、流向管理、流程样例管理等重要功能。遥感数据地面处理的过程由多个系统协同完成，载荷控制、数据接收、产品生产、用户服务等各个系统相互协作，才能完成系统的业务功能，为用户提供最终所需的信息。因此，在整个地面系统中，由业务运行管理系统对各个系统进行控制，可以将业务运行管理系统理解为工作流管理系统，管理整个运行流程，监视、协同整个大系统的业务运行，促进系统的有序持续运行。

## 5.3.2　工作流系统的组成

有关工作流的定义, IBM、WfMC 等都曾给出不同角度的描述。总的来说, 这些定义分别反映了业务过程的一些问题, 即业务过程是什么(由哪些活动、任务组成, 也就是结构上的定义)、怎么做(活动间的执行条件、规则及所交互的信息, 也就是控制流与信息流的定义)、由谁来做(人或者计算机应用程序, 也就是组织角色的定义)、做得怎样(通过工作流管理系统进行监控)。因此, 工作流主要是用来描述业务过程的, 一个工作流可以简单地看成一个具体业务过程的抽象或图示化表示。

工作流管理系统主要由两部分组成：一部分是工作流建模；另一部分是工作流执行。其中, 工作流建模是工作流执行的基础, 它定义和规范了工作流执行的能力。工作流建模主要研究如何清晰、准确地表示实际应用中的过程, 特别是如何以形式化的方法来表示过程。

工作流管理系统实现业务逻辑与流程逻辑的分离, 开发人员遵从一定的编程接口及约定, 就可以开发出更具灵活性的业务处理系统, 最终用户无须重新开发事务处理系统, 可以直接更改工作流程, 以适应业务变化的需要。

工作流引擎为一个工作流实例提供执行环境, 提供的服务包括：过程模型的解释、过程实例的控制(创建、激活、暂停、停止等)、在过程各活动间游历(控制条件的计算与数据的传递等)、参与者的加入与退出、生成工作项通知用户进行管理、工作流控制数据和工作流相关数据的维护、调用外部应用和访问工作流相关数据等。

工作流引擎是工作流执行服务系统的核心, 从其提供的功能来看, 它主要完成以下任务。

(1)对过程定义进行解释。

(2)控制过程实例的创建、激活、挂起、终止等。

(3)控制活动实例间的转换和工作流相关数据的解释等。

(4)提供支持用户操作的接口。

(5)维护工作流控制数据和工作流相关数据, 在应用或用户间传递工作流相关数据。

(6)提供用于激活外部应用程序和访问工作流相关数据的接口。

(7)提供控制、管理和监督工作流过程实例执行情况的功能。

## 5.3.3　工作流的建模

5.3.2 节提及工作流管理系统的实现很大程度上依赖于对系统业务的梳理和抽象, 以及对工作流进行建模。工作流模型是对工作流的抽象表示, 是对业务过程的计算机化的定义。工作流模型是利用一个或多个建模方法及其相应的建模工具, 完成实际的业务过程到计算机可以处理的形式的转化。工作流模型不仅要让人读懂，更要让计算机能够理解所定义的工作流过程。工作流模型的定义通常可以称为过程模型、过程模板、过程元数据或过程定义。

目前工作流建模一般使用有向图、条件化的有向图、Petri 网、对象模型、语言动作理论等提供可视化环境的业务过程建模工具，以使用户能够以比较直观的方式对实际的业务过程建模。一个好的过程模型应具有比较强的描述能力，同时还应易于实现和修改，以便适应不断变化的工作环境要求。

表 5-5 对目前流行的几种工作流建模方法进行了比较。遥感卫星业务运行管理系统的工作流程模型设计采用基于 Petri 网的工作流建模方法。

表 5-5　目前流行的几种工作流建模方法的比较

| 建模方法 | 适合描述流程 | 逻辑描述能力 | 是否抽象机制 | 可读性 | 计算机化能力 | 形式化能力 | 基于状态/事件 | 是否支持优化验证 | 图形化能力 | 是否动态 |
|---|---|---|---|---|---|---|---|---|---|---|
| Petri 网 | 并行、异步、分布式和随机性等特征的复杂系统 | 强 | 是 | 一般 | 较强 | 强 | 基于状态 | 是 | 较好 | 是 |
| 活动网络 | 流程固定异常情况较少的生产流程 | 一般 | 否 | 较好 | 较强 | 弱 | 基于事件 | 否 | 较好 | 是 |
| 事件驱动的过程链模型（event-driven process chain，EPC） | 企业经营过程重组、成本分析、软件的配置 | 强 | 否 | 一般 | 较弱 | 弱 | 基于事件 | 否 | 较好 | 是 |
| 基于事件-条件-动作（event-condition-action，ECA）规则 | ECA 规则作为属性依附于活动 | 一般 | 否 | 较好 | 较弱 | 弱 | 基于事件 | 否 | 较难 | 否 |

## 5.3.4　业务运行管理的工作流设计

Petri 网是对离散并行系统的一种数学表示，是由 1962 年德国的 Petri 在研究自动通信机理时提出的，可以作为一套形式化的过程建模和分析的建模方法。Petri 网是一种图形化描述过程的强有力工具，使用它可以直观地描述一个工作流过程，尽管 Petri 网是图形化的，却有坚实的数学基础。

Petri 网可以用一个四元组表示即 $PN=(P,T;F,M_0)$，其中 $P=\{p_1, p_2, \cdots, p_m\}$ 是一个有限的库所（place）集合，$T=\{t_1, t_2, \cdots, t_n\}$ 是一个有限的变迁（transition）集合，$F$ 是库所与变迁节点间的有向弧（connection）集合，满足以下条件。

(1) 库所和变迁是两类不同的元素，即 $P \bigcap T = \varnothing$。

(2) 库所和变迁中至少有一个元素，即 $P \bigcup T \neq \varnothing$。

（3）$F \subseteq (P \times T) \bigcup (T \times P)$，表示 PN 中的流关系，其中的×表示笛卡儿积。

（4）$\text{dom}(F) \bigcup \text{cod}(F) = P \bigcup T$，其中 $\text{dom}(F) = \{x|y: (x, y) \in F\}$、$\text{cod}(F) = \{y|x: (y, x) \in F\}$ 分别为 $F$ 的定义域和值域。表明在 Petri 网中不能有孤立的元素存在。

（5）映射 $M_0: P \rightarrow \{0, 1, 2, \cdots\}$ 是网的初始标识。

有向网 $N=(P, T; F)$ 是 Petri 网的基网，不包含初始标识，一个 Petri 网也可以表示为 $(N, M_0)$。

通常系统的业务流程由顺序、并发、选择和循环几个基本过程组成。

顺序关系用来定义任务间的因果关系，由一条不分支的通路构成。在 Petri 网中，顺序结构通过在两个任务间添加一个库所进行连接来建模，每个任务映射为一个由库所指向变迁的组合，在模型的最后会有一个结束状态即结束库所。

并发关系用来定义执行顺序无严格要求、可同时进行的活动。发生并发情况的任务将映射为一个库所和一个变迁，分支在变迁处发生，因为只有同一变迁才能同时触发两个库所，即同时推动两个任务一起发生。

选择关系用来定义按一定条件决定流程走向的分支活动，发生选择的任务将映射为一个库所和两个变迁，分支在库所处，此时它推动的任务需要两个不同的触发条件，流程在两个任务之间进行选择。

在循环关系中，循环部分分成通过和不通过两个子状态，不通过时需将任务重做一次，若通过，则进入下一个流程。

由遥感卫星业务运行管理系统常规模式和应急模式的工作流程可以看出，业务运行管理系统是一个离散事件系统，流程中存在着顺序、并发、选择和循环结构，在进行遥感卫星数据观测业务和产品生产业务的过程中存在诸多的同步、并发、冲突、资源共享等现象。

由于 Petri 网及其扩展模型可以很好地描述复杂系统的动态行为，被广泛地应用于分布式系统、离散事件系统、信息系统等领域。Petri 网具有许多优良的数学性质，并能够较好地描述系统中常见的同步、并发、分布、冲突、资源共享等现象。Petri 网中的状态/库所、变迁、托肯（token）可以较好地描述过程建模中的各种资源、位置、行为及它们的动态协作关系，如表 5-6 所示。

表 5-6　业务运行管理系统工作流程与 Petri 网的对应表

| 业务运行管理系统工作流程 | Petri 网 |
|---|---|
| 任务的状态、资源的状态 | 库所 |
| 过程的开始与结束、任务的执行与实施 | 变迁 |
| 资源、流程实例 | 托肯 |
| 制度、规则、任务顺序 | 有向弧 |
| 任务执行时间 | 时间属性 |

Petri 网是由节点和有向弧组成的一种有向图，它有两类节点：一类称为库所，通常用圆圈表示，代表位置、状态、条件等；另一类称为变迁，用方框或粗杠表示，代表工作流中的任务；二者之间的连接用有向弧表示，代表工作流的逻辑关联。库所只能和变迁相连，变迁只能和库所相连。Petri 网中另一重要元素是托肯(token)，代表系统的条件、资源、状态等。

Petri 网中的库所、变迁、弧等概念与业务运行管理过程中的活动、状态、规则等相对应，使用 Petri 网可以较好地表示数据观测和产品生产的过程。因此，将 Petri 网应用于业务运行管理系统工作流程的建模是可行的。

本书采用了 Visual Object Net++对系统业务管理的工作流程进行仿真，图 5-17 与图 5-18 分别对应了上面所描述的常规模式和应急模式业务运行管理系统的业务流程，通过仿真工具证明了系统的业务流程可以很好地由 Petri 网进行描述，且多处运行过程可以进行定量化的时间效能评估，可作为自主系统中的系统自配置的工作基础，结合服务协作机制的研究工作，可有效地对业务过程进行建模和运行中调整。

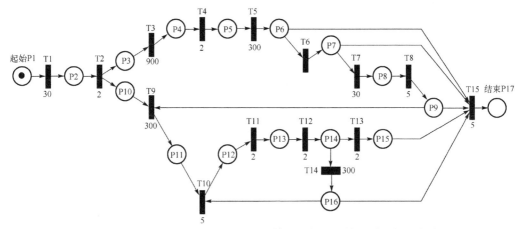

图 5-17　Visual Object Net++仿真常规模式业务运行管理系统的业务流程

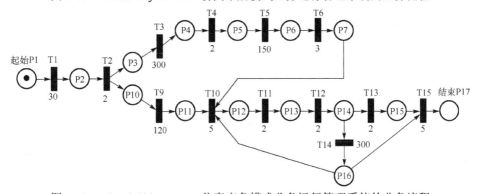

图 5-18　Visual Object Net++仿真应急模式业务运行管理系统的业务流程

## 5.3.5 基于 Petri 网的系统建模与验证

### 1. 系统建模

以无人机飞行任务规划为例,图 5-19 是无人机遥感网应急任务调度的工作流程图。该工作流的开始条件为任务申请者发起任务申请,填写任务申请信息,系统工作人员对任务区所需的遥感载荷、无人机资源、飞行航线和支撑条件等进行分析,形成任务分析报告,该报告经过任务审核后分两种情况处理:①申请信息不符合受理条件,返回重新填写或流程结束;②申请信息合理,受理该请求,按照下述步骤继续处理。将任务申请请求与分析报告形成任务大纲,经过审核后发布给任务参与者,收到任务执行参与者可以执行任务的反馈后,系统工作人员编制此次任务的任

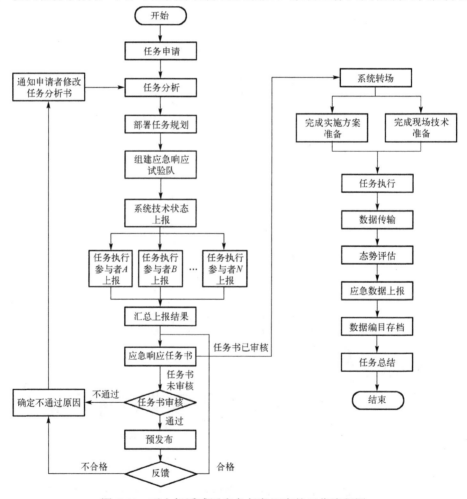

图 5-19 无人机遥感网应急任务调度的工作流程图

务书，通知任务的各参与者进行任务会签。如果会签不通过，那么上报决策者，由决策者负责组建协调小组，经过与任务执行参与者协调并汇总后，重新编制任务书。如果会签通过，那么由任务执行参与者共同编制任务实施方案，方案审核通过后，则组建试验队执行无人机遥感数据获取任务。在任务执行过程中，系统收集任务执行情况信息，监视任务执行状态。任务执行完成后，进行数据分析，验证数据质量和任务数据获取完整性情况，形成任务总结报告，流程结束。

　　通过模型转化，可以将无人机遥感网应急调度管理工作流模型转化为 Petri 网模型，如图 5-20 所示。图 5-20 中圆圈的上标表示库所名称，扁矩形的上标表示变迁名称。

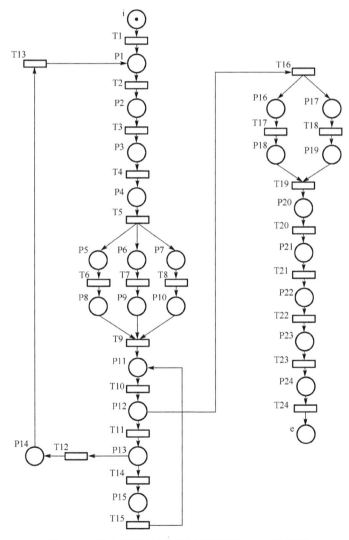

图 5-20　无人机遥感网应急调度管理 Petri 网模型

无人机遥感网应急调度管理系统 Petri 网模型变迁集如表 5-7 所示。

**表 5-7　无人机遥感网应急调度管理系统 Petri 网模型变迁集**

| 变迁 | 含义 | 变迁 | 含义 |
|---|---|---|---|
| i | 开始 | T13 | 通知任务申请者修改任务分析书 |
| T1 | 无人机遥感网应急任务申请 | T14 | 任务书审核通过，准备预发布 |
| T2 | 填写任务分析书并提交 | T15 | 任务书信息反馈 |
| T3 | 根据任务需求分析部署任务规划 | T16 | 系统转场 |
| T4 | 组建应急响应试验队 | T17 | 完成应急响应实施方案 |
| T5 | 组织系统技术状态上报 | T18 | 完成应急响应现场技术准备 |
| T6 | 任务执行参与者 A 上报系统技术状态 | T19 | 执行飞行任务获取监测数据 |
| T7 | 任务执行参与者 B 上报系统技术状态 | T20 | 进行现场数据传输 |
| T8 | 任务执行参与者 N 上报系统技术状态 | T21 | 快速处理形成态势评估报告 |
| T9 | 汇总系统技术状态上报结果 | T22 | 整理获取的数据并上报 |
| T10 | 形成应急响应任务书 | T23 | 进行数据编目存档 |
| T11 | 应急响应任务书审核 | T24 | 任务总结 |
| T12 | 任务书审核不通过，确定不通过原因 | e | 结束 |

## 2. 模型的简化与验证

Petri 网不仅为系统建模提供了形式化的表达方法，而且具有丰富的分析和验证手段，如基于状态方程的代数分析方法、基于可达性的图分析方法、基于化简的归纳分析方法等。一个工作流过程的合理性是指工作流建立的模型过程正确，不会出现死锁、运行结果不正确等现象。

对图 5-20 所示的无人机遥感网应急调度管理系统 Petri 网模型进行合理性验证的主要依据如下：①模型必须有一个开始库所和一个结束库所，结束库所是开始库所可达的唯一最终状态，每个库所和变迁都在一条从开始库所到结束库所的路径上；②在任何情况下，工作流总能终止，而且在终止时，每个实例在结束库所中只有一个托肯，其他库所中没有该实例的托肯存在；③在所得 Petri 网中不存在死变迁，每个变迁都可能被执行到。

本章采用化简分析技术，分析该模型的合理性。该方法可在保持模型特性的前提下，将模型缩小到适当规模，降低验证的复杂度。另外，如果在工作流的过程模型中存在死锁或结构上的冲突等问题，在图形化简过程中很容易检测到产生这种问题的原因。

Petri 网模型化简规则如图 5-21 所示，该规则可以在有限时间内将具有活性和有界性的自由选择扩展工作流网化简为只有一个库所和变迁的自闭环网，或者将工作流网化简为一个简单的顺序结构，从而快速地完成模型的合理性验证。

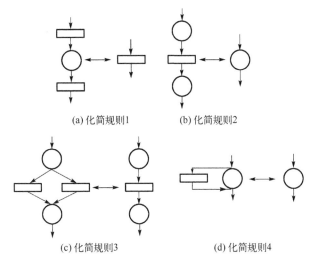

(a) 化简规则1      (b) 化简规则2

(c) 化简规则3      (d) 化简规则4

图 5-21 Petri 网模型化简规则

根据上述 Petri 网模型的合理性验证方法，对无人机遥感网应急调度管理系统 Petri 网模型进行验证。根据上述化简规则对 Petri 网模型(图 5-20)进行化简，其简化过程如图 5-22 所示。

(1)根据化简规则 1，消去库所 P2、P3、P4，合并变迁 T2、T3、T4、T5，记为 T2-5；同理消去库所 P15、P20、P21、P22、P23、P24，得到简化模型并记为 WF1。

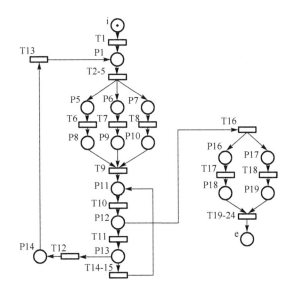

(a) 模型WF1

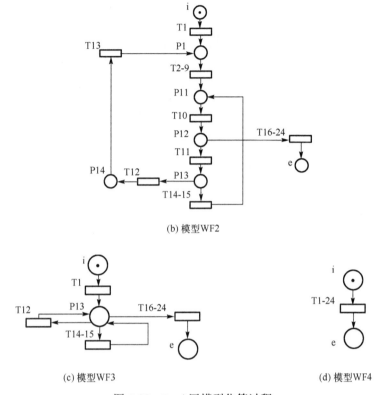

(b) 模型WF2

(c) 模型WF3　　　　　　　　　　　　　　(d) 模型WF4

图 5-22　Petri 网模型化简过程

(2)根据化简规则 2，消去变迁 T6、T7、T8，T17、T18，根据化简规则 3，P5、P6、P7 为并行结构，与前置变迁 T2-5 和后置变迁 T9 化简为一个变迁，记为 T2-9，同理消去 T17 和 T18 构成的并行结构，得到简化模型并记为 WF2。

(3)根据化简规则 3，P14、P15、P16、P17、P18、P19 为并行结构，根据化简规则 2，消去变迁 T10，简化后的模型记为 WF3。

(4)根据化简规则 4，消去变迁 T12，T14-15，根据化简规则 1，消去库所 P13，得到最终的模型化简结构 WF4。

通过上述化简过程，将图 5-20 所示的无人机遥感网应急调度管理系统 Petri 网模型化简为简单的顺序结构。可以得出，该工作流网是满足合理性要求的。

## 5.3.6　按需定制工作流程

按需定制工作流程是指任务管理人员针对每个地面系统任务定制一套独立的业务运行流程，流程中规定了地面系统中应包含的环节、每个环节的执行顺序、触发下一环节的条件及整个任务中的数据走向，在管理人员设计完业务流程后，采用计算机语言描述流程信息，按照工作流引擎的语言标准生成工作流引擎可以识别的流程模板，工作流引擎加载流程模板后，部署流程定义并将流程信息持久化存储至数据库。

按需定制工作流主要分为四个过程，分别是任务分析过程、节点定制过程、流程定制过程及实例化任务过程。图 5-23 为工作流定制技术流程图。

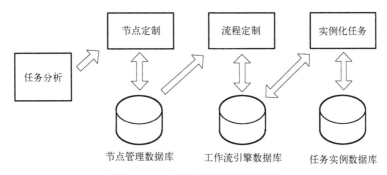

图 5-23　工作流定制技术流程图

## 5.3.7　工作流节点组件的集成与调用

在传统的工作流系统中，一旦完成编码工作，对系统的功能进行扩展就变得非常棘手，做功能扩展影响域分析时，需要考虑功能改动对系统全局的影响，针对新功能做程序设计时，需要重新考虑系统内数据的流动走向、业务运行的流程变动，更重要的是，功能的改动极有可能会对系统内已有的业务数据造成不可挽回的影响。针对上述问题，本章设计工作流中节点组件的集成与调用方法，实现节点程序组件的自动化调度，同时，大幅度地降低了流程变更时系统维护的难度。

（1）集成节点组件。在本书中，节点组件是指能够独立运行的软件程序，工作流引擎通过调用这些程序实现流程中各节点的功能。如流程进行到了图像处理节点，工作流引擎本身无法完成图像处理工作，需要有专业的图像处理软件来完成，图像处理软件即为流程节点组件。

（2）调用节点组件。在地面系统任务中，流程进行到某一节点后，系统中对应的节点组件应该立即开始工作。如果是人为触发这些系统工作，那么有可能因为操作失误导致任务执行受阻甚至试验失败，因此一个完善的工作流系统除了具备流程管理的能力，还应该能够调度流程节点执行任务。

节点组件调用过程主要涉及节点组件调度接口、工作状态监听接口。节点组件调度接口通知节点组件执行流程节点对应的工作，工作状态监听接口用于接收节点组件返回的执行结果。节点组件调用接口中，应包含试验编号、业务指令信息，工作状态监听接口应包括节点组件编号、试验编号、业务执行结果。

# 5.4　插件式数据预处理软件架构

## 5.4.1　插件式架构概述

随着遥感应用逐渐广泛，遥感系统新的需求日益增多，软件系统复杂度日趋增加，软件系统升级越来越频繁，这些现实的情况促进了软件复用技术的发展。

软件复用技术的核心思想是组件化程序设计。人们通过计算机硬件体系架构获得启发，发展出软件插件技术。计算机硬件设备是由具有独立功能的集成电路插件按插件板设计要求组装而成的。各个计算机硬件设备通过计算机的主板连接，各模块通过主线互相通信，共同工作。

软件插件技术思想是借鉴硬件组装思路，把具有一系列功能的软件做成一个插件，不同的功能可以做成不同的插件。插件通过接口集成在统一的程序平台，由该程序平台统一管理，插件之间可以互相通信。使用软件插件技术，可以实现无须重新编译整个系统、无须更改接口、仅通过插件修改或调整达到目的。因此软件插件技术思想把应用程序分成主控程序和插件，主控程序提供统一接口，插件通过主控程序提供的接口集成在主控程序中。

主控程序负责插件的管理和控制，为插件提供运行环境，因此主控程序也称插件平台。主控程序负责插件的加载、运行、相互通信和协同工作。主控程序提供插件接口统一规范，用来集成不同的插件。用户可以根据实际需求制作插件，插件的接口需要遵守主控程序的接口规范，通过接口将插件集成到系统中。这种技术不但提高系统的迭代速度，降低系统的维护成本，而且使得系统具有更高的可扩展性。

插件是由一系列按照一定规范编写的程序功能组成的，并能集成到现有软件系统的软件模块。插件的开发满足插件规范，保证插件能无缝集成到插件平台。插件规范规定了功能实现程序的编写规则，如插件的接口函数、接收参数和返回值类型等信息。插件依据一定的规范注册到插件平台，系统启动后，插件平台按照约定的规则查询并加载已经注册的插件。随后，插件平台创建插件运行的界面，并定义界面元素。最后系统开始运行，插件平台负责了解与控制各个插件的运行和通信情况。

使用插件式架构的软件系统是由一个主控程序(一个可执行程序)和多个软件插件组成的。主控程序包含规范化的接口。插件式架构组成示意图如图5-24所示。图中主控程序为插件运行和插件之间互相通信提供平台，并为插件的集成提供标准接口的程序。主控程序负责整个系统启动、运行和停止，并在需要某个功能时，将实现该功能的插件加载进内存中。插件是遵循主控程序提供的接口规范编写的实现某

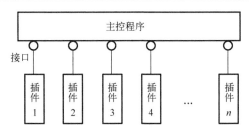

图 5-24　插件式架构组成示意图

种功能的软件模块。一个插件式架构的软件包含一个或多个插件。插件既要实现软件功能，也要实现提供给主控程序调用的接口。当软件系统需要调用某个插件时，就使用插件实现的供主控程序调用的接口，获得插件的相关信息并完成与主控程序的通信。接口是能使主控程序与插件共同工作的规则和协议。接口由主控程序和插件各自实现，它们共同实现对插件的管理（插件的调用、运行和停止）及主控程序和插件的通信。

目前使用较多的插件，从开发方式上分为五类。

（1）批处理式。实现内容较简单，类似批处理命令。一般格式是文本文件。批处理式插件特点是功能单一，扩展性不高。

（2）脚本式。通过某种开发语言把功能逻辑编写成脚本。开发语言可以是任意脚本语言。脚本式插件特点是功能实现较方便，但无法实现较复杂的功能。

（3）动态链接库（DLL）。插件形式是动态链接库。主控程序通过接口来调用动态链接库的插件。动态链接库插件特点是主控程序调用插件较方便。

（4）可执行文件（executable，EXE）。插件形式是 EXE。由于该形式的插件接口实现不明显，因此主控程序调用可执行文件类型的插件，信息交互较困难。

（5）组件对象模型（component object model，COM）。插件形式是 COM。插件需要实现主控程序定义的接口。主控程序通过访问 COM 组件的插件接口调用该插件，该插件通过主控程序的接口和主控程序通信。

## 5.4.2　插件式架构分类

OSGi（open service gateway initiative）框架是运行在 Java 虚拟机环境中的服务平台。OSGi 框架主要功能是对集成在该服务平台上的组件和应用提供生命周期管理。使用该体系架构的软件系统可实现远程安装、启动和停止组件，且无须重启整个软件系统。

OSGi 是插件式的体系结构。OSGi 框架分为五层：安全层、模块层、生命周期层、服务注册层和服务层。OSGi 框架层次结构示意图如图 5-25 所示。其中，模块层（又称插件层或组件层）定义插件的 Class Loading 策略[1]，这也是 OSGi 框架最吸引人的设计。Class Loading 的问题是 Java 软件平台的插件式体系结构需要解决的首要问题。OSGi 框架在 Java 原动态 Class Loading 的基础上，提供更深层次的解决方案。传统的 J2SE 程序中各个插件的类配置路径和资源配置路径都统一配置在一个位置中。OSGi 框架模块层为每个 OSGi 插件提供私有的 ClassPath 和独有的 ClassLoader，为插件间的隔离提供有效方法，也解决了插件间的依赖和协作。生命周期层负责运行时动态安装、启动、停止、更新或卸载插件[2]。服务注册层提供动态的服务注册模型。插件可以通过服务注册层注册，发现并使用这些服务[3]。服务注册层的服务注册功能通过服务定位器(service locator)模式实现。服务注册层虽然没有实现单独的控制反转(inversion of control，IoC)容器，但是由于 OSGi 的框架总体具有面向对象的特征，因此 OSGi 的服务注册层很容易支持 IoC。

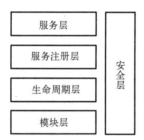

图 5-25　OSGi 框架层次结构示意图

### 5.4.3　插件式架构开发特点

插件式架构开发特点如下所示。

(1)架构清晰、容易理解。主控程序和插件之间通过接口关联，插件和插件之间也通过接口关联，因此插件之间的耦合度较低，软件系统架构清晰，容易理解。

(2)架构灵活、方便维护。由于主控程序和插件之间通过接口关联，插件可以随时插入、修改和删除。若系统功能需要调整，则仅需要添加、修改或删除对应的插件，无须修改整个软件框架，因此插件式架构实现了灵活的软件架构，方便软件修改和维护。

(3)移植性强，复用度高。插件是某些功能模块聚合而成的，并通过接口实现外部调用，对主控程序没有依赖，因此插件复用度高，移植方便。

### 5.4.4　插件式数据与处理软件结构

在遥感卫星地面系统中，卫星数据经地面天线接收后，将经过预处理过程，才可被应用人员所使用。预处理的过程为将下行信号经解扰、解密等一系列步骤后完成数据的粗地理编码的过程。数据预处理步骤图如图 5-26 所示，其中 AOS 为高级在轨系统(advanced orbiting system)的简称。

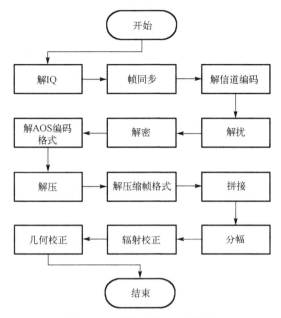

图 5-26　数据预处理步骤图

IQ 指的是解通信系统中的 I 和 Q 通道

数据预处理的 12 项步骤是光学对地观测载荷数据预处理的基本流程,每个处理步骤既相对独立,又有顺序执行的特点。因此在此基础上,可以抽象出具有高度适应性的数据预处理自动流程的基本框架,且较为容易地实现数据处理的并行化工作。

根据插件式架构设计思路,将上述预处理步骤中 12 项步骤划分为宿主程序和插件对象两部分,由宿主程序负责整体的流程控制,插件完成系统业务功能。基于插件的数据处理系统结构图如图 5-27 所示。

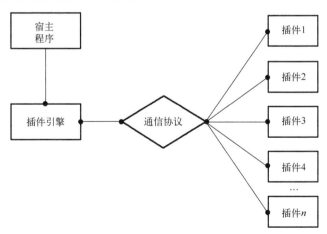

图 5-27　基于插件的数据处理系统结构图

宿主程序是插件的依附对象，由通信协议、插件引擎和宿主界面程序三个部分组成。通信协议为宿主程序识别插件的一种标准，只有符合此标准的插件程序才能被插件引擎认可。插件引擎主要负责解析插件程序集，若符合通信协议，则将其生成相应的插件对象存放在插件集合中并转交给宿主界面程序处理。宿主界面程序主要负责生成与插件对象对应的用户界面(UI)对象，并对 UI 对象对应的事件进行处理。

插件实现了某个特定的数据处理任务，若符合通信协议，则可被插件引擎解析和宿主程序使用。目前常见的接口的实现方式为 DLL 插件和 COM 插件，本书采用 DLL 实现各插件模块。

## 5.4.5　通信协议的设计

在基于插件的数据预处理系统的设计中，由于各处理步骤可以看成相对独立的处理模块，因此这些对象从代码生成 UI 层对象的流程是固定不变的，变化的部分在于生成 UI 层对象后的操作。此处将所有的数据处理插件类型都设计为继承自一个基类 CProcessTaskPlugin。考虑系统的可扩展性，可能会有其他类型的插件对象，并需根据插件对象生成其他种类的 UI(如工具栏、菜单栏等)，为此设计 CPlugin 类作为所有插件的基类，CProcessTaskPlugin 是其子类。插件关系图如图 5-28 所示。

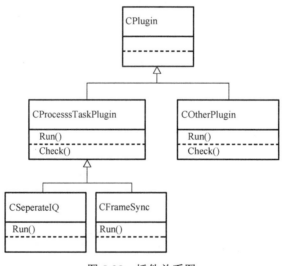

图 5-28　插件关系图

由图 5-28 中可以看出，CPlugin 类是所有插件的基类，CProcessTaskPlugin 和扩展的其他插件类型都继承自 CPlugin 类，目前数据预处理的各处理步骤插件都继承自 CProcessTaskPlugin 类。通过判断插件是否符合此继承关系即可作为宿主程序识别插件的标准。

在 CProcessTaskPlugin 类中有两个 public 的成员函数：Check（）函数为静态（static）函数，返回字符串 Plugin，DLL 导出此函数便可在创建插件对象前，通过验证插件程序是否导出了此函数及比较此函数的返回值是否为 Plugin 来检测插件是否为 CPlugin 的子类，即判断是否为符合通信协议的插件；Run（）函数则为虚函数，在各个具体的实现数据预处理的插件程序中对其重新定义，通过指向的插件指针来调用具体的处理程序。

## 5.4.6　插件引擎的设计

插件引擎启动后，会在由 XML 文件指定的文件目录下寻找所有的插件程序集，并判断插件程序集是否符合通信协议，以生成插件对象。故插件容器应为一动态列表，本系统采用 vector（动态数组）作为插件容器存储插件对象。插件容器中存储了每个插件对象的一些属性，用结构体变量表示，包括插件名、插件路径、插件的配置文件路径、指向插件对象的指针及插件库句柄等。考虑到系统运行中的动态控制需求，该插件容器即列表还需具备添加、删除、查询等功能。

系统插件均编译为 DLL 类型，动态加载 DLL 的方法如下所示。

（1）通过 LoadLibrary（）加载 DLL。

（2）通过 GetProcAddress（）获取 DLL 导出函数指针。

（3）通过 FreeLibrary（）释放 DLL。

软件在初始化时或运行过程中动态加载已有的处理插件，其主要步骤如下所示。

（1）将现有的插件容器进行清空操作。

（2）从系统配置 XML 文件中读取插件所在位置。

（3）判断目标位置是否存在 DLL 文件。

（4）若存在 DLL 文件，则进入加载流程；若无，则结束。

（5）加载获取的 DLL 文件。

（6）判断是否为合法插件，若是，则获取函数指针，且加入插件容器。

（7）若否，则继续遍历目标位置的下一个 DLL 文件。

动态加载插件的流程图如图 5-29 所示。

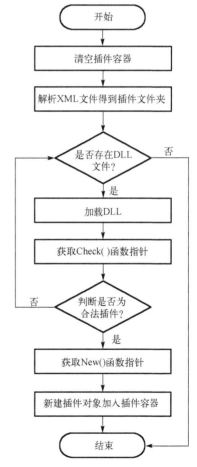

图 5-29　动态加载插件的流程图

## 5.4.7　插件的设计

插件的设计以 CPlugin 类作为基类，其中数据预处理的插件都设计为
CProcessTaskPlugin 类的子类。每个插件都以 DLL 的形式实现，这些插件的核心为
数据处理类。数据处理类中通过重载 Run() 这个在基类中定义的虚函数来实现具体
的数据处理操作，Run() 函数一般由 Init() 函数与 Exe() 函数实现。Init() 函数完成
一些初始化操作，Exe() 函数完成对数据文件的处理操作。

在 DLL 插件中，包含数据处理类与一些其他类。数据处理类与其他类的关系如
图 5-30 所示。

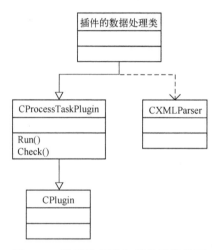

图 5-30　数据处理类与其他类的关系

DLL 插件导出两个函数。

（1）Check() 函数：返回 CProcessTaskPlugin 类中的静态函数 Check()。插件引
擎可以通过判断某 DLL 文件是否存在此导出函数，且函数是否返回字符串 Plugin
来判断此 DLL 是否为插件类型。

（2）New() 函数：返回新建的插件对象。在确认某 DLL 文件是插件类型后，通
过此导出函数新建插件对象并加入插件容器中。宿主主程序采用 CProcessTaskPlugin
类指针指向这些新建的插件对象。

以解 IQ 插件为例，该插件的数据处理类为 CSeperateIQ，通过查找表算法实现。
通过与运算、位移运算预先生成了在 0～0xFF 内任意取值的高低两字节数据所对应的 I
路数据查找表（LUT_for_I[256][256]）与 Q 路数据查找表（LUT_for_Q[256][256]）。在解
IQ 的过程中，通过读取原始数据文件高低两字节的数据 high（0～0xFF）与 low（0～
0xFF），将 high 与 low 作为查找表的索引，即可得到这两字节的数据解 IQ 后得到的
I 路数据为 LUT_for_I[high][low]、Q 路数据为 LUT_for_Q[high][low]。

解 IQ 的流程图如图 5-31 所示。

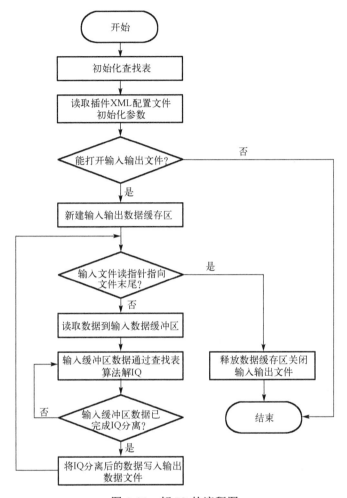

图 5-31　解 IQ 的流程图

## 5.4.8　自主的基础

插件式数据预处理软件架构的特点为软件流程的自主定制奠定基础。该架构可以方便地实现软件流程动态配置。根据软件处理流程的特点，将处理过程分割为具有原子性的子过程，保证各子过程实现相对独立，另外通过任务配置文件或结合数据库表实现，处理过程可灵活配置和动态调整。

在本书作者所完成的一个高光谱数据处理软件项目中，软件的系统设计上采用了插件式数据预处理的框架，实现了软件流程灵活配置。高光谱数据处理软件预置了三类流程：实时下传数据处理流程、回放数据自动化处理流程和回放数据高精度处理流程。用户可以根据实际任务的需要，调整当前执行任务的步骤。以回放数据自动化处理类型任务为例，用户可以根据需求，选择需要执行的步骤，配置任务流程。系统框架把任务流程配置参数记录在配置文件中，调用各个处理步骤，最终生成任务结果。

回放数据自动化处理流程示意图如图 5-32 所示。

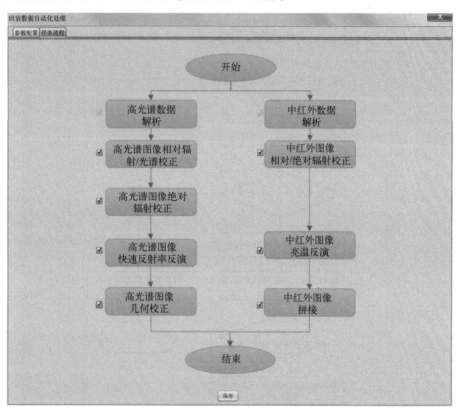

图 5-32　回放数据自动化处理流程示意图

回放数据自动化处理流程任务的配置文件如图 5-33 所示。

```
<sf_ggp_jdfsjz>false</sf_ggp_jdfsjz>
<sf_ggp_jdjz_par_filepath>E:\gongsiruanjian\测试解析后图像\测试解析后图像\HF\HSI_RE_CAL（相对辐射校正系数）</sf_ggp_jdjz_par_filepath>
<sf_ggp_jhjz>false</sf_ggp_jhjz>
<sf_ggp_ksfy>false</sf_ggp_ksfy>
<sf_ggp_latitude>26.26</sf_ggp_latitude>
<sf_ggp_longitude>105.88</sf_ggp_longitude>
<sf_ggp_mean_altttude>1270</sf_ggp_mean_altttude>
<sf_ggp_pos_filepath>G:\guangdian\program\GDSF\lib\SF\GGPTX_JHYZ\sbet.pos</sf_ggp_pos_filepath>
<sf_ggp_sjjx>true</sf_ggp_sjjx>
<sf_ggp_xdfsjz>false</sf_ggp_xdfsjz>
<sf_ggp_xdjz_par_filepath>E:\gongsiruanjian\测试解析后图像\测试解析后图像\HF\HSI_RE_CAL（相对辐射校正系数）</sf_ggp_xdjz_par_filepath>
<sf_zhw_fsjz>true</sf_zhw_fsjz>
<sf_zhw_lwfy>true</sf_zhw_lwfy>
<sf_zhw_pos_filepath>C:\Users\Administrator\Documents\Default.rdp</sf_zhw_pos_filepath>
<sf_zhw_sjjx>true</sf_zhw_sjjx>
<sf_zhw_sjpj>true</sf_zhw_sjpj>
<sourcefilepath>G:\guangdian\测试数据\发送用测试数据\高精度解析（高光谱）</sourcefilepath>
```

图 5-33　回放数据自动化处理流程任务的配置文件

## 5.5　航空遥感数据并行处理控制

### 5.5.1　航空遥感数据处理的并行方式

航空遥感数据处理与航天遥感的数据处理过程较为近似，相较而言，航空遥感数据通常存储在飞行器上，并在飞行完成之后地面离线导出进行处理，而航天遥感数据则必须通过下行通信链路进行数据下传。因此，航空遥感数据的处理相对来说要少一些步骤，如和信道编解码相关的部分等。

在"无人机遥感载荷综合验证系统"项目中，作者所在研究团队研发了搭载了高光谱相机、大视场多光谱相机、面阵电荷耦合器件(charge coupled device，CCD)相机、合成孔径雷达(synthetic aperture radar，SAR)载荷等各种载荷的统一数据处理系统。在前面曾经阐述过，数据预处理的过程模块相对独立，较为适应并行化处理。

在这种业务环境下，并行处理方式采用基于粗粒度的流水线方式较为适用。将数据预处理过程分解为若干处理段，交由各专用模块进行处理，一段处理完成后，即获取该段处理结果。在数据进入下一段处理过程后，下一段即可开始处理，无须等待前一段处理全部完成。

图 5-34 为流水线并行示意图。

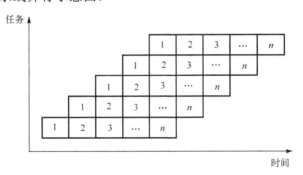

图 5-34　流水线并行示意图

### 5.5.2　集群作业调度器

大规模的数据处理，当前都是使用廉价服务器集群实现的，通过多台 PC 服务器的协作，实现多任务的并行计算。在一个计算集群中，作业调度器是集群的核心，其功能为对作业与计算资源进行有效的管理和调度。作业调度器需要管理集群环境中的硬件资源，并为作业寻找到适合其执行的节点，从而保证被提交作业能够充分地利用各节点的资源，高效率地执行。与此同时，作业调度系统还要确保集群系统的负载均衡。作业调度系统的设计是一个集群系统为高可用性集群系统的关键。

对用户而言，系统是否运行在集群上并不重要，作业调度系统获取用户的需求，根据规则进行系统作业的调度，使用合适规模的资源满足用户的需求，此时高性能计算集群系统就好像一台具备很多CPU的大型服务器。由于作业调度系统的作用，不论是老式的时间片分时还是现代的多流水线作业，多个用户可以同时使用作业调度系统。作业调度系统管理用户提交的作业，为各个作业合理地分配资源，从而确保充分地利用集群系统的计算能力，并尽可能迅速地得到运算结果。对用户来说，正是因为有了作业调度系统，才使得他们没有必要去了解整个集群系统内部的结构是怎么样的，也不必知道他们即将使用的集群系统位于何地。

### 5.5.3　基于优先级和时间戳的调度策略

对于大规模的计算作业，常用的作业调度算法有先到先服务、最短作业有限、优先级、FirstFit、BestFit、资源预留、启发式调度(模拟退火算法、遗传算法、蚁群算法)等。对比不同的调度算法，其关注点各不相同，如 CPU 利用率、周转时间、吞吐量、响应时间、等待时间等。在无人机项目中，由于需处理多重载荷的数据，包括原始数据解析、快视、辐射校正、几何校正等，因此在大规模进行数据处理时，希望能够尽可能公平地进行作业调度，避免某一类载荷或处理占据过多的时间与资源，而不是不同类型载荷(高光谱、多光谱、全色相机等)所获取的数据、每种载荷所获取数据的不同处理(原始数据解析、快视、辐射校正、几何校正等)都有均等的机会被调度执行。另外，在需要紧急数据处理时，系统能够进行紧急调度，保证紧急任务能最大化地得到优先执行。

为了使不同类型的作业有平等的机会得到处理，在优先级队列中分别对应每种处理类型再设计一层队列。这些队列地位是相等的，在调度过程中采用轮转的方法，确保每种类型的处理能够交替进行。在提交作业的过程中，调度系统通过用户指定的优先级和作业的处理类型，确定该作业在队列中的具体位置。

### 5.5.4　基于数据划分和消息传递的并行处理框架

并行处理一般有功能并行和数据并行两种形式。功能并行是指任务可以根据不同功能划分成不同的部分，如输入、计算、输出等，这些不同的部分可以调度到不同的处理单元进行处理。在功能划分过程中，某些功能之间存在依赖关系，需要在调度过程中满足这些依赖关系，使某些功能先于其他功能执行。数据并行是将待处理的数据划分成小数据块，然后分配到不同的计算节点进行相同的操作。由于航空线阵载荷遥感数据本身和处理过程的特点，非常适合通过数据划分来实现并行处理，因此系统中采取了数据并行的策略。

系统通过消息传递接口进行数据的发送与接收，由运行管理器、任务划分器、任务规约器、错误管理器、组件管理器和遥感数据读写组件等部分组成，如图 5-35 所示。在整个框架之上，系统还预留了应用程序接口(API)供用户进行扩展开发。

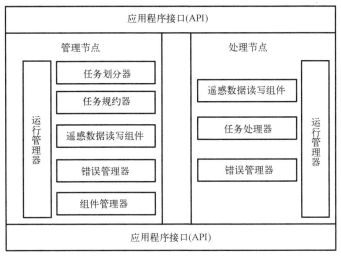

图 5-35　并行处理框架图

## 5.5.5　以推-拉模式为基础的两段式故障侦测策略及处理方式

在实际的系统中，并行计算时出现故障是多种多样的，所需的处置方式也不同，但是在系统设计时就需要考虑故障容错机制，保证系统业务不应在单个计算节点失效时受到影响。因此，系统应具备如下功能。

（1）系统中的并行计算框架能够自主地发现并定位故障。

（2）发现故障后能根据故障类型进行自行处置。

（3）单个计算节点故障不影响系统业务。

（4）单个计算节点故障不会传染到其他节点。

（5）在无法自行处置或恢复的故障出现时需报警，由操作人员处置。

故障侦测目前有推、拉等多种模式，为了更细致地侦测并行计算环境中的节点故障、网络故障和软件故障，系统采用推、拉结合的模式，通过两种模式相互配合来定位故障的具体类型。

推模式是指系统采取"心跳"技术监测节点工作状态，计算节点定时向管理节点发送自身状态，若管理节点在某一时间阈值内未收到计算节点的状态，则认为该节点失效。若在一段时间后再次收到计算节点状态，则自动将其重置为可用状态。

拉模式指的是管理节点主动向计算节点发送探测消息，计算节点在收到探测消息后给予反馈，报告自身状态，同样若管理节点在某一时间阈值之后未收到计算节点反馈的状态，则认为该节点失效。

在系统实际研发过程中，为了更好地定位故障的种类，采用了基于推-拉模式的两段式异常发现策略，即正常情况下采用推模式，计算节点定时发送心跳消息给管理节点。若管理节点在阈值之后仍未收到心跳消息，则向计算节点发送 ping 消息，若有反馈，则说明物理链路正常，无程序异常；若 ping 无反馈，则为计算节点硬件故障或操作系统故障，由此来判断异常的应对策略。

采用替代法应对计算节点的异常，即在网络中查找可替代的资源，将异常节点中的任务进行再分配，保证整个并行计算任务的正常进行。对于管理节点的异常，则采用备用管理节点方法。当管理节点出现异常时，由备用管理节点接替任务的分配与调度，但此时只能回滚至管理节点预先设置的上一检查点，重新分配任务并进行计算。

# 5.6　运行管理系统研发实例

## 1. 运行管理系统概述

运行管理系统是遥感地面系统的运行中枢，负责管理整个遥感地面系统，维护系统的正常运行状态。同时，规划和指挥飞行器的运行，管理航天飞行器和遥感器的运行状态。

作者所在研究团队根据我国多星综合观测运控管理需求和运行管理原则，构建了"卫星载荷状态监测—观测申请及综合规划—运控计划制定—卫星载荷遥控—卫星载荷状态监测"的一体化卫星运行管理系统，并在国产系列卫星上开展了常态化业务应用。

运行管理系统是分布式多进程实时支持系统，由 16 个软件部件组成，包括 12 个应用程序进程、3 个 Web 服务和 1 个应用组件。系统以软件集成控制软件作为运行管理系统软件的统一入口，实现各应用终端中运行管理系统的运行状态监视和操控。系统通过任务调度软件，对分布的各常驻应用软件进行运行状态监视、异常的监测，监测异常通过远程控制方式，启动应用软件，排除故障，保证系统可靠运行。同时系统对用户权限集中管理，通过后台程序提供用户权限的访问。

## 2. 运行管理系统技术特点

运行管理系统基于稳健的系统底层消息通信机制，设计并实现了具有自主特性的故障实时诊断与恢复功能的分布式松耦合的系统架构，该架构下各节点均被设计成自主单元，具备自主特性，由感知器、效应器、动作器、知识库等部分组成，能有效地完成MAPE（监视-分析-规划-执行）过程。对于功能性较强的模块采用 C/S 结构，具有功能强大、响应速度快、人机交互性强等特点，同时采用点对点的数据存取方式，保障了数据在存取过程中的安全性。对于与数据显示相关的模块采用 B/S 结构，具有访问方便、信息发布灵活、扩展性强等特点。同时基于网络发布的模式可以实现多人同时登录和查询。

数据存储采用数据库和文件传输协议（file transfer protocol，FTP）相结合的形式，其中与用户观测申请订单相关的数据采用数据库进行存储，实现多条件的复杂形式的查询和访问；文件型数据采用 FTP 进行存储，实现数据的共享和分发。对于关键性的数据采用主备份的形式进行存储，提高了数据的稳定性。

模块之间通过消息组播进行通信，实现各模块之间的协同工作，基于消息驱动的工作机制可以保证系统的主要模块在无人值守的情况下自动运行，处理外部传入的数据。

模块集成客户端采用 WCF 技术，实现对其他客户端及模块工作状态的远程监控。具有互操作性好、安全性强等优点，可以实现对所有集成模块的开启、关闭、运行监测等，方便用户对整个系统进行操作。

采用推-拉模式为基础的两段式故障侦测策略及处理方式，确保分布式系统的各部分运行状态被有效地感知。

实时监测通信链路、参数解析、状态显示等信息处理过程中可能出现的故障，在发现异常情况时采取应对措施进行自主恢复，选取替补服务进行工作或采取语音、图形方式向操作员发送异常信息提醒。

3. 基于网络组播通信的系统软件主备份转换机制介绍

运行管理系统中的关键部件通常都会采用双机热备的手段以保障通信的高可靠性，而主备切换是实现双机系统高可靠性的一种可行技术。下面是部分软件部件主备份切换机制说明。

图 5-36 为主备切换工作流程。

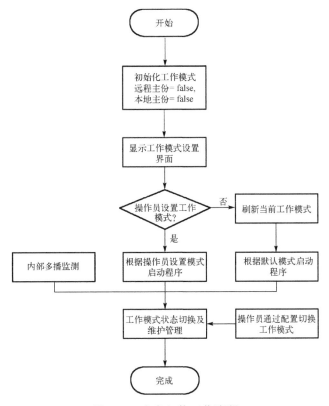

图 5-36　主备切换工作流程

(1)程序启动时，刷新工作模式，通过用户界面由用户选择本程序的工作模式。

(2)如果10s内用户未选择启动工作模式，那么根据远程主份变量参数判断本程序的工作模式。如果远程主份为true，那么本程序以备份模式运行。如果远程主份为false，那么本程序以主份运行。

(3)如果操作人员通过配置界面切换了本程序的工作模式，刷新本程序的工作模式，设置本程序的主份模式变量为true。

(4)若未有操作人员介入，维护本程序的工作模式，通过内部状态多播监测程序的运行情况。

内部多播监测涉及状态监听线程、消息发送线程、主备计时器(Timer)响应线程。状态监听线程负责软件运行状态的监听，根据监听结果进行主备切换；消息发送线程负责软件运行状态的发送，每秒一帧；当环境中只有一台软件工作机时，启动主备计时器响应线程，并通过文字、声音等多种方式报告异常。内部多播监测流程如图5-37所示。

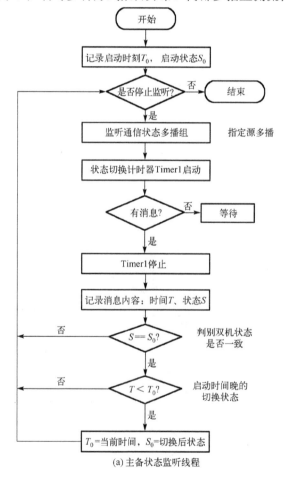

(a) 主备状态监听线程

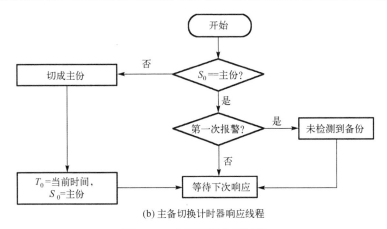

(b) 主备切换计时器响应线程

图 5-37　内部多播监测流程

## 参 考 文 献

[1]　甘树满, 王秀明. Eclipse 插件开发方法与实践[M]. 北京: 电子工业出版社, 2006.

[2]　李延春. 软件插件技术的原理与实现[J]. 计算机系统应用, 2003(7): 24-26.

[3]　陈方明, 陈奇. 基于插件思想的可重用软件设计与实现[J]. 计算机工程与设计, 2005, 26(1): 3.

# 第 6 章  总结与展望

随着对地观测技术的飞速发展，遥感卫星地面系统在国民经济的各个领域发挥着越来越重要的作用，其能够提供全球范围内的实时数据，为长期、连续的环境监测与资源勘探等任务提供了支撑和保障。但随之而来的系统规模和复杂性的急剧增加，给系统的管理、维护和常态化运行带来了前所未有的挑战。在这样的背景下，如何降低遥感卫星地面系统的复杂性、提高系统的鲁棒性和稳定性成为一个亟待解决的问题。

在当今信息化快速发展的时代背景下，自主计算技术正作为一种前沿科技，逐步成为推动复杂信息系统革新的关键力量。这种技术旨在赋予系统类似生物体的自我调节机制，从而使其具备自配置、自优化、自修复和自保护的能力。随着自主计算技术的不断进步，我们见证了从简单的自动化流程到复杂的自适应系统的演变，这不仅提高了系统的操作效率，还显著地降低了维护成本。

本书的作者团队多年来聚焦于遥感地面系统和自主计算技术的交叉领域，通过引入自主计算技术，设计并开发具有自主系统特征的遥感卫星地面系统，显著地提升了遥感地面系统的自主运行能力，降低了地面系统的管理和运维复杂度。

在多年的研究与探索中，本书的作者团队积累了大量的研究成果和实际工程经验，本书正是在作者团队多年的技术积累和实践经验中总结凝练而成的。本书旨在为读者提供一个全面、深入的自主遥感卫星地面系统设计与研发的指南。本书探讨了自主计算技术在遥感卫星地面系统中的应用，并提出了一系列的设计原则和实现方法，内容翔实，深入浅出。本书对自主计算技术在遥感卫星地面系统中的深入应用进行了全面的探讨。例如，从智能算法到多源数据融合，从云平台与边缘计算的结合到安全性与隐私保护的策略，这些内容构成了一个复杂而完整的技术生态系统，旨在提升系统的智能化水平和操作效率。

本书首先介绍了遥感卫星地面系统的基础知识，包括系统的功能组成、工作原理及面临的挑战；其次，介绍了自主计算的基本理念，包括自主计算的架构、关键技术及与其他分布式计算技术的区别与联系；然后，介绍了如何将自主计算理念应用于遥感卫星地面系统的设计与研发，特别是系统自主化的具体实现途径，如自主控制、自我修复和自我优化等；最后，介绍了一系列基于自主计算理念的遥感卫星地面系统研发实例。这些实例不仅展示了自主计算技术在实际工程中的初步应用，也为读者提供了宝贵的参考和启示。通过这些案例分析，我们希望读者可以看到自主计算技术在降低系统复杂性、提高系统效率等方面的巨大潜力。无论是在处理大量实时数据、降低复杂性管理的需求，还是在增强系统的自适应能力方面，自主技术都为遥感地面系统的进步提供了强大的推动力。

同时，我们也意识到了伴随技术进步而带来的挑战，这包括如何与人工智能等新技术的结合、如何应用新的硬件和计算架构、如何处理日益增长的数据体量、如何设计安全可靠的系统架构，以及如何保护用户隐私的问题。

自主计算的核心在于智能算法的开发与应用。这些算法模仿了自然界中的自适应机制，使得遥感卫星地面系统能够根据环境和自身状态的变化，自动地做出精准的决策。目前，随着人工智能、机器学习等技术的日新月异，自主系统处理复杂任务的能力得到了质的飞跃。面对不断变化的环境条件，自主系统的自适应能力显得尤为关键。目前的自适应算法往往针对特定的应用场景而设计，缺乏通用性。开发能广泛地应用于各种环境的自适应算法，仍旧是自主计算领域的一个重要研究方向。

人工智能与自主系统的融合是目前技术发展的一个重大趋势，特别是在遥感卫星地面系统领域。这一融合不仅预示着数据处理能力的显著提升，也意味着系统自主性的大幅度增强。将人工智能集成进自主系统，实际上是在为这些系统提供一种能力，使其不仅仅是按照预定规则执行任务，还能够通过学习与适应来改进和优化这些任务的执行。这种集成的优势首先体现在智能决策支持上：利用机器学习算法，自主系统能够分析来自传感器的实时数据流，并基于历史信息与模式识别做出更加精确的预测和判断。这种智能化的决策过程对于遥感卫星地面系统至关重要，因为它可以帮助系统自动识别重要的趋势和异常，从而及时地调整其工作参数以适应不断变化的外部环境。

进一步地，人工智能与自主系统的融合还表现在自我学习能力的提升上。深度学习等先进的人工智能技术允许自主系统在经过大量数据的训练后，不断地优化其内部模型，提高任务执行的准确率。例如，在处理图像识别任务时，自主系统可以通过深度学习逐渐地提高其识别精度和速度，这对于遥感数据分析来说是一个巨大的进步。强化学习的应用也为自主系统带来了新的突破方向，通过与环境进行交互并从反馈中学习，自主系统能够自主发现最优策略，这意味着遥感卫星地面系统能够自主地进行资源分配、任务调度甚至故障排除，大大地减少了对人工干预的依赖。

自主计算技术的发展不仅依赖于算法层面的创新，还需要系统架构和硬件平台的同步进步。系统架构正在从传统的集中式向更加灵活的去中心化和分布式转变，以适应自主运行的需求。而硬件技术的进步，如高性能计算平台和专用芯片的应用为自主计算提供了更高效的支持。展望未来，自主计算技术的发展将更多地依赖于跨学科的合作与理论创新：复杂系统理论、控制论、人工智能等领域的知识将汇聚一堂，为自主系统的设计和实现提供坚实的理论基础。基础科学的持续突破也将推动自主计算向更高层次发展，量子计算的兴起可能为处理极其复杂的计算问题提供全新的解决方案。

　　计算架构的革新正在为自主计算应用于遥感卫星地面系统带来新的可能：云平台与边缘计算的结合代表了现代计算架构的一场变革，特别是在遥感卫星地面系统领域。这种结合不仅优化了数据流的处理流程，还极大地提高了系统整体的运算能力和响应速度。传统的遥感数据处理通常依赖于集中式的云平台，将大量数据上传到云端并进行存储和分析。这种方法虽然提供了强大的计算资源和几乎无限的存储空间，但在处理大规模实时数据时往往会遇到时延和带宽限制的问题。边缘计算的引入正是为了解决这一问题，它通过在网络的边缘即靠近数据源的地方进行部分数据处理工作，显著地减少了需要上传到云端的数据量。在实际应用中，这种结合意味着遥感卫星收集到的数据可以在地面站或近地边缘节点上进行初步处理，这样不仅可以实时地筛选出重要的信息，减少数据传输的时延，而且可以立即对紧急情况做出反应，如自然灾害的快速评估和响应。

　　此外，云平台与边缘计算的结合还有助于提高系统的可扩展性和灵活性。随着需求的变化，可以灵活地调整边缘节点的数量和配置，同时云端资源也可以根据需要进行动态分配。这种动态调配能力使得系统能够适应不断变化的工作负载和计算需求，从而实现资源的最优化利用。但要实现这种结合，也面临着一些技术挑战。例如，如何保证在边缘节点与云平台之间的数据同步和一致性，以及如何管理和维护分散的边缘设备等。此外，数据在本地处理和传输过程中也可能会面临更多的安全威胁。

　　在遥感卫星地面系统与自主计算技术的结合中，安全性与隐私保护是一个需要重点考虑的因素：遥感卫星地面系统处理包括地理信息数据在内的多种重要数据，随着系统变得更加智能和自主，它们也变得更脆弱，容易受到安全威胁，确保这些系统的完整性、保密性与可用性也成为设计和运营中的重要任务。安全性的挑战来自于多个方面。首先是恶意攻击的风险，包括病毒、木马、拒绝服务攻击等，这些攻击可能会破坏系统的正常运行，甚至窃取或篡改敏感数据。其次，由于自主系统往往具有更高的权限级别，以便于执行自动化任务，这增加了其潜在的安全风险，一旦被黑客利用，可能会导致严重的后果。此外，随着多源数据的融合，来自不同传感器的信息需要得到妥善保护，以防止任何未授权的访问或泄露。隐私保护同样需要考虑，特别是当遥感数据涉及个人或敏感区域时。遥感技术的应用通常涉及大规模的数据收集，如果不加以控制，可能会无意中泄露个人隐私或机构敏感信息。

　　自主计算技术已经在遥感卫星地面系统领域展现出了不可替代的价值。未来，它将继续引领地面系统的技术创新。随着人工智能、机器学习、云计算和边缘计算等领域的持续进步，我们有理由相信这些技术将不断地成熟，不断地推动自主计算技术与遥感卫星地面系统的结合，开启遥感卫星地面系统新的篇章。